Watzinger   Anwendung
netzgeführter Stromrichter
für Gleichstromantriebe

Programmierter Selbstunterricht

# Anwendung netzgeführter Stromrichter für Gleichstromantriebe

Von Helmut Watzinger

SIEMENS AKTIENGESELLSCHAFT

CIP-Kurztitelaufnahme der Deutschen Bibliothek

**Watzinger , Helmut**
Anwendung netzgeführter Stromrichter für Gleich-
stromantriebe. – Berlin, München : Siemens-
Aktiengesellschaft, [Abt. Verl.], 1976.
  (Industrieelektronik) (pu)

ISBN 3–8009–6113–X

ISBN 3–8009–6113–X

Herausgeber und Verlag:
Siemens Aktiengesellschaft, Berlin und München
© 1976 by Siemens Aktiengesellschaft, Berlin und München
Alle Rechte vorbehalten, auch die des auszugsweisen Nachdrucks,
der fotomechanischen Wiedergabe und der Übersetzung sowie der
Bearbeitung für Ton- und Bildträger, für Film, Hörfunk und Fernsehen,
für den Gebrauch in Lerngeräten jeder Art
Printed in West Germany

® Eingetragenes Warenzeichen

# Einführung

Eines der wichtigsten Anwendungsgebiete des netzgeführten Stromrichters mit Gleichstromausgang ist der drehzahlveränderbare Gleichstromantrieb.

Zum geregelten Gleichstromantrieb gehören neben dem Stromrichter mit Motor noch weitere Einheiten, wie Steuersatz, Regler und Meßgeber. Für den Studierenden, den projektierenden Ingenieur und den Betriebsingenieur ist es wichtig, das Zusammenwirken dieser einzelnen zu *einem* Antrieb gehörenden Einheiten zu verstehen.

In der gleichen Reihenfolge, in der der Ingenieur bei der Projektierung vorgeht, werden in diesem Lehrprogramm die für den Antrieb wichtigen Eigenschaften, die Wirkungsweise und das Zusammenwirken der einzelnen Baueinheiten behandelt. Dabei werden im wesentlichen nur diejenigen Baueinheiten beschrieben, die als Grundeinheiten bei einem Stromrichter-Gleichstromantrieb immer erforderlich sind. So werden z.B. beim Steuersatz nicht alle Ausführungsmöglichkeiten eingehend betrachtet, sondern an *einer* Ausführung die Bedingungen und Funktionen.

Auch beim Regler wird nur auf die Grundlagen und Grundschaltungen eingegangen, die für den Gleichstromantrieb erforderlich sind. Für den Ingenieur, der einmal das Wesentliche verstanden hat, dürfte der Übergang auf andere Ausführungen und Schaltungen dann keine Schwierigkeiten mehr bereiten.

Das Lehrprogramm soll dem Selbststudium sowie der Gruppenarbeit von Studierenden und Ingenieuren dienen, die mit Projektierung und Inbetriebnahme von Gleichstromantrieben zu tun haben.

Nach erfolgreichem Durcharbeiten des Lehrstoffs – sei es im Einzel- oder Gruppenstudium – verfügt der Lernende über eingehende Kenntnisse der Schaltung und der Wirkungsweise von Stromrichter-Gleichstromantrieben.

Jedes Kapitel des Lernstoffs baut sich aus mehreren Lernschritten (L) auf. Jeder Lernschritt umfaßt ein in sich abgeschlossenes Teilthema. Zu jedem Lernschritt gehören einige Fragen und Aufgaben (A), die entweder gleich nach Durcharbeiten des einzelnen Lernschritts oder nach Durcharbeiten der Lernschritte eines Kapitels beantwortet bzw. gelöst werden sollen.

Die Handhabung des Buches zum Erlernen des Stoffs im Drei-Schritt-Verfahren ist denkbar einfach:
1. Schritt: Gründliche Durcharbeitung eines oder mehrerer Lernschritte (L).
2. Schritt: Gewissenhafte Beantwortung der Fragen bzw. Lösung der Aufgaben (A).
3. Schritt: Vergleich der Ergebnisse (E) auf Richtigkeit.

Das Frage-Antwort-Spiel dient der Vertiefung des zu lernenden Stoffes. Es bringt andererseits dem Lernenden eine direkte Kontrolle, ob der Lernstoff beherrscht wird.

Ein Frage bzw. Aufgabe (A) gilt als gelöst, wenn die Antwort bzw. Lösung dem Sinne nach dem gedruckten Ergebnis (E) entspricht. Weicht eine Antwort wesentlich vom richtigen Ergebnis ab, so empfiehlt sich eine Wiederholung des oder der betreffenden Lernschritte.

Erlangen, im September 1976

SIEMENS AKTIENGESELLSCHAFT

# Inhalt

### Kapitel 1  Gleichstrommotor

L 1      Betriebsverhalten des Gleichstrommotors ........................ 8

### Kapitel 2  Stromrichter

L 2      Thyristor ................................................................ 18
L 3      Stromrichterschaltungen ......................................... 33
L 4      Steuerung und Steuersatz ....................................... 52

### Kapitel 3  Regelung

L 5      Transistorverstärker und Regler ................................ 66
L 6      Meßgeber ............................................................... 79
L 7      Optimierung des Reglers ......................................... 87

### Kapitel 4  Ein- und Mehrquadrantenantriebe

L 8      Einquadrantantrieb ............................................... 104
L 9      Mehrquadrantenantriebe ....................................... 111

### Kapitel 5  Stromrichterantrieb im Betrieb

L 10     Betriebsverhalten Stromrichter mit Motor ................ 134

**Stichwortverzeichnis** ....................................................... 147

# Kapitel 1        Gleichstrommotor

L 1    Betriebsverhalten
       des Gleichstrommotors

# L1.1 Betriebsverhalten des Gleichstrommotors

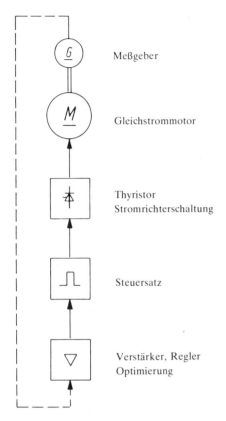

Baueinheiten eines Gleichstromantriebes (Übersicht)

Diese Blockdarstellung zeigt die wesentlichen Baueinheiten eines Gleichstrom-Einquadrantantriebs. Zusätzlich sind die zu den Baueinheiten gehörenden Themen (Stromrichterschaltung, Optimierung) eingetragen). Die gestrichelte Verbindungslinie zwischen Meßgeber und Verstärkereingang soll den geschlossenen Regelkreis andeuten.

*Gleichstrommotor*

Die wesentlichen Bestandteile eines Gleichstrommotors sind: der *Läufer* (Anker) mit dem Ankerblechpaket und der Ankerwicklung, deren einzelne Windungen an den Kommutator angeschlossen sind, sowie der *Ständer,* auf dessen Polen die das Magnetfeld erzeugende Erregerwicklung (Feldwicklung) untergebracht ist.

Wird die Feldwicklung von einem Gleichstrom (Erregerstrom $I_e$) durchflossen, dann entsteht ein *Fluß* $\Phi$ durch die Pole und den Anker.

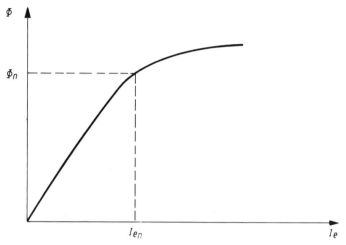

Bild 1.1   Magnetisierungskennlinie

Der Zusammenhang zwischen Fluß $\Phi$ und Erregerstrom $I_e$ wird durch die *Magnetisierungskennlinie*

$$\Phi = f(I_e)$$

dargestellt. Als *Nennerregung* wird der Wert des Erregerstroms bezeichnet, bei dem sich bei Nenndrehzahl des Motors die Nennspannung ergibt.

Im reinen Leerlauf stimmt der Verlauf der Magnetisierungskennlinie $\Phi = f(I_e)$ mit der Leerlaufkennlinie $U = f(I_e)$ [1]) überein.

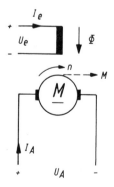

Bild 1.2
Arbeitsweise des Gleichstrommotors

---

[1]) Die Leerlaufkennlinie ergibt sich, wenn man die Maschine antreibt und bei Nenndrehzahl den Verlauf $U = f(I_e)$ mißt.

## Betriebsverhalten des Gleichstrommotors

Wird an den Anker eine Gleichspannung angelegt (Bild 1.2), dann fließt durch die Ankerwicklung ein Strom, der den im Magnetfeld $\Phi$ liegenden Ankerleiter aus dem Feld herauszudrücken sucht. Es entsteht ein *Drehmoment M*, das proportional dem Ankerstrom $I_A$ und dem Erregerfluß $\Phi$ ist. Die weiteren das Drehmoment bestimmenden Größen des Motors, wie Eisenquerschnitt und Windungszahl, werden in einer *Konstante* $c_1$ zusammengefaßt.

Es gilt damit für das Drehmoment

$$M = c_1 \Phi I_A$$

Durch die Drehung des Ankers im Erregerfeld $\Phi$ werden von der Läuferwicklung die Kraftlinien geschnitten, und damit wird in der Läuferwicklung eine Spannung induziert, die als *Quellenspannung* $U_q$ bezeichnet wird[1]. Diese Spannung ist proportional der Drehzahl $n$ und der Größe des Flusses $\Phi$. Die bei der Maschine konstanten Größen (Eisenquerschnitt, Läuferwindungszahl u. a.) werden in einer *Konstante* $c_2$ zusammengefaßt. Es gilt damit für die induzierte Spannung

$$U_q = c_2 \Phi n.$$

Für die Drehzahl erhält man

$$n = \frac{U_q}{c_2 \Phi}.$$

Es wird sich daher eine Drehzahl einstellen, bei der – unter Berücksichtigung des Spannungsabfalls im Ankerkreis – Gleichgewicht zwischen anliegender und induzierter Spannung besteht. Hierfür gilt

$$U_A = U_q + I_A R_A.$$

Aus dem Drehmoment $M$ und der Drehzahl $n$ ergibt sich die Leistung zu

$$P = M \cdot 2\pi \cdot n, [2]$$

| P | M | n |
|---|---|---|
| W | Nm | s$^{-1}$ |

---

[1] Siehe DIN 1323. An Stelle der Quellenspannung $U_q$ kann auch die elektromotorische Kraft (EMK) $E$ verwendet werden. Sie ist definiert als die negativ genommene Quellenspannung: $E = -U_q$

[2] In alten Einheiten (kp m) ist $P = \dfrac{M n \cdot 60}{975}$

| P | M | n |
|---|---|---|
| KW | Kpm | s$^{-1}$ |

Betriebsverhalten des Gleichstrommotors  L1.4

Die Größe des erforderlichen Drehmoments bestimmt die Größe der Maschine: Durch den Fluß ist der Eisenquerschnitt, durch den erforderlichen Ankerstrom der Kupferquerschnitt und damit die Größe des Ankers (Nutenquerschnitt) festgelegt.

*Verhalten des Motors bei konstanter Erregung*

Bei konstanter Erregung des Motors ergibt sich konstanter Fluß $\Phi$, und damit gilt: Die Drehzahl $n$ ist direkt proportional der induzierten Spannung $U_q$ und im Leerlauf auch der Ankerspannung $U_A$

$$n \sim U_q \, (U_A)$$

Das Drehmoment ist bei Vernachlässigung der Ankerrückwirkung direkt proportional dem Ankerstrom $I_A$.

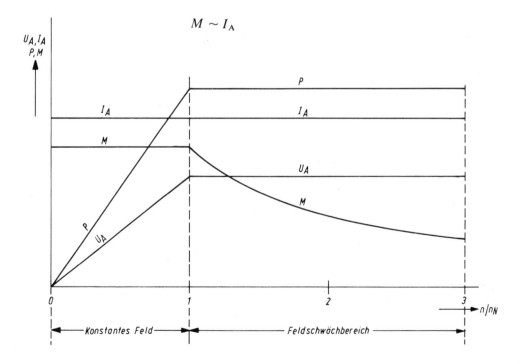

Bild 1.3  Betriebskennlinien mit Feldschwächbereich

In Bild 1.3 sind links die *Betriebskennlinien* bei konstanter Erregung (konstantes Feld) für den Drehzahlbereich $n = 0$ bis $n = n_N$ ($n/n_N = 1$) aufgetragen. Ankerstrom $I_A$ und Drehmoment $M$ sind für den ganzen Drehzahlbereich als Konstante aufgetragen. Diese sind im Dauerbetrieb nur zulässig, wenn bei größeren Drehzahlbereichen fremdbelüftete Motoren verwendet werden. Bei eigenbelüfteten Motoren müßte wegen der geringeren Wärmeabfuhr von der Oberfläche des Läufers der Ankerstrom bei kleineren Drehzahlen reduziert werden.

Die Leistung $P$ steigt entsprechend bei steigender Drehzahl proportional mit der Ankerspannung an.

*Verhalten des Motors bei Feldschwächung*

Es gibt Anwendungen in der Antriebstechnik – z. B. bei Werkzeugmaschinen –, bei denen über den gesamten Drehzahlbereich kein konstantes Moment, sondern konstante Leistung erforderlich ist.

Eine Drehzahländerung bei konstanter Leistung ergibt sich, wenn – bei konstant gehaltener Ankerspannung – das Feld durch Verringerung des Erregerstroms geschwächt wird.

In Bild 1.3 ist rechts der Verlauf der Betriebskennlinien für einen Feldschwächbereich von 1 : 3 aufgezeichnet. Während im Feldschwächbereich die Leistung $P$ konstant bleibt, sinkt das Drehmoment $M$ proportional mit dem schwächer werdenden Fluß $\Phi$ von 100 % bei Nenndrehzahl bis auf 33 % bei dreifacher Nenndrehzahl ($n/n_N = 3$).

Die Erhöhung der Drehzahl über die Nenndrehzahl ist aus mechanischen Gründen begrenzt durch die *zulässige Kommutator-Umfangsgeschwindigkeit*. Eine Begrenzung der maximalen Drehzahl bei Feldschwächung kann jedoch auch elektrische Gründe haben, da die Ankerrückwirkung sich bei Feldschwächung prozentual stärker auswirkt und damit zu instabilem Betrieb führen kann. Die zulässigen Feldschwächbereiche werden in den Maschinenlisten für die einzelnen Motoren bezogen auf Nenndrehzahl angegeben, sie liegen meistens im Bereich von 1:2 bis maximal 1:3.

Betriebsverhalten des Gleichstrommotors **L1**.6

*Drehrichtungsumkehr*

Die Richtung der Drehzahl – *Drehrichtung* – ist bestimmt durch die Richtung des Stromes im Feld und die Richtung des Stromes im Anker. In Bild 1.4, links, ist eine angenommene Drehrichtung – die Drehrichtung 1 – eingezeichnet.

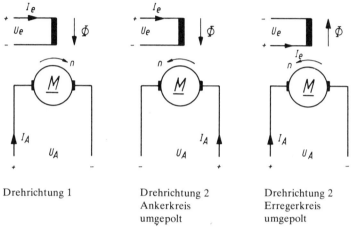

Drehrichtung 1   Drehrichtung 2       Drehrichtung 2
                 Ankerkreis           Erregerkreis
                 umgepolt             umgepolt

Bild 1.4   Drehrichtungsumkehr

Wird die angelegte Ankerspannung umgekehrt, dann erhalten wir – bei gleicher Feldrichtung – eine Umkehr der Drehrichtung, die Drehrichtung 2. Wird statt des Ankerkreises der Erregerkreis umgepolt, dann erhalten wir ebenfalls Drehrichtung 2. Bei Umpolung von Ankerkreis *und* Erregerkreis ergibt sich wieder Drehrichtung 1.

*Zusammenarbeit Motor – Stromrichter*

Der Stromrichter liefert an den Anker des Gleichstrommotors keine reine Gleichspannung, sondern eine durch die Schaltung des Stromrichters gegebene *oberschwingungsbehaftete* Gleichspannung. Damit ergibt sich eine *Welligkeit* des Ankerstroms und eine Verschlechterung der Kommutierung.

Um eine Verringerung der Welligkeit und damit eine einwandfreie Kommutierung sicherzustellen, kann es erforderlich sein, *Glättungsdrosseln* im Ankerkreis zu verwenden.

*Regelung der Drehzahl*

Bei den über Stromrichter gespeisten Gleichstrommotoren erfolgt im allgemeinen eine Drehzahlregelung. Wir erhalten damit eine unabhängig von der Belastung – und auch anderen Störgrößen, wie Netzspannungs- und Temperaturschwankungen – linear verlaufende Drehzahl-Drehmoment-Kennlinie bei jeder eingestellten Ankerspannung (Drehzahl).

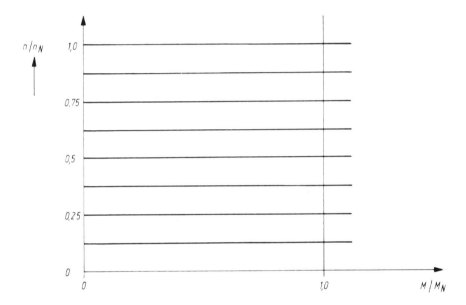

Bild 1.5
Drehzahl-Drehmoment-Kennlinien eines geregelten Gleichstromantriebs

# Gleichstrommotor — A1

**1.**
Warum ist der konstant erregte Gleichstrommotor ein idealer Motor für drehzahlregelbare Antriebe?

**2.**
Von welchen elektrischen Größen hängt das Drehmoment eines Gleichstrommotors ab?

**3.**
Ein Gleichstrommotor ist konstant erregt. Wie ändert sich das Drehmoment bei Übergang von Nenndrehzahl auf halbe Nenndrehzahl?

**4.**
Ein Gleichstrommotor wird mit Feldschwächung betrieben. Wie ändern sich Drehzahl und Drehmoment bei Feldschwächung 1 : 2?

**5.**
Wie kann die Drehrichtung eines Gleichstrommotors geändert werden?

**6.**
Was ist bei der Speisung eines Gleichstrommotors von einem Thyristor-Stromrichter hinsichtlich der Kommutierung zu beachten?

# E1                        Gleichstrommotor

**1.**
Weil sich durch Änderung der Ankerspannung die Drehzahl etwa proportional verändern läßt.

**2.**
Das Drehmoment ist proportional dem Produkt von Erregerfluß und Ankerstrom.

**3.**
Bei konstanter Erregung ist das Drehmoment bei jeder Drehzahl konstant, wenn man konstanten Ankerstrom (Motor-Nennstrom) voraussetzt.

**4.**
Es ergibt sich doppelte Drehzahl, und dabei geht das Drehmoment entsprechend halbem Erregerfluß $\Phi_e$ auf die Hälfte zurück.

**5.**
Durch Umkehr der Ankerspannung *oder* der Erregerspannung.

**6.**
Der Stromrichter liefert eine oberschwingungshaltige Gleichspannung und damit einen welligen Gleichstrom. Unter Umständen ist mit Rücksicht auf die Kommutierung des Motors eine Glättungsdrossel im Ankerkreis erforderlich.

# Kapitel 2

# Stromrichter

L 2  Thyristor
L 3  Stromrichterschaltung
L 4  Steuerung und Steuersatz

# L2.1 Thyristor

Die Eigenschaften des Thyristors bei Verwendung in einer Stromrichterschaltung für Gleichstromantriebe bestimmen Auswahl und Auslegung hinsichtlich Strom und Spannung sowie den erforderlichen Schutz. Das Verhalten des Thyristors in der Schaltung und seine Eigenschaften, die sich weitgehend aus den technischen Daten ergeben, werden daher hier ausführlich behandelt. Auf die physikalischen Grundlagen[1]) wird dagegen weitgehend verzichtet, da diese in der Literatur ausführlich behandelt werden.

---

[1]) Eine ausführliche Behandlung der physikalischen Grundlagen findet sich z. B. im Lehrprogramm pu 05 „Die Wirkungsweise des Thyristors".

# Thyristor **L2**.2

*Aufbau und Kennlinien*

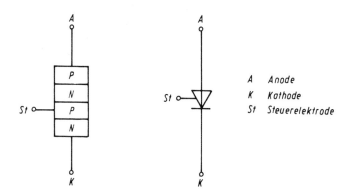

Bild 2.1  Aufbau und Schaltzeichen

Der Thyristor besteht aus vier Schichten (PNPN) mit *positiven* (P) bzw. *negativen* (N) Ladungsträgern mit den Anschlüssen Anode (A), Kathode (K) und Steuerelektrode (St). Bild 2.1 zeigt den Aufbau und das zugehörige Schaltzeichen.

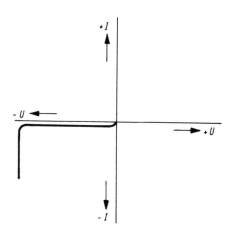

Bild 2.2  Negative Sperrkennlinie

Legt man an die Anode eine negative, an die Kathode eine positive Spannung, dann erhält man die *negative Sperrkennlinie:* den negativen Sperrstrom als Funktion der negativen Sperrspannung. Der negative Sperrstrom steigt bei ansteigender negativer Sperrspannung bis zur höchsten zulässigen Spitzensperrspannung nur wenig an, dann erfolgt ein sehr steiler Stromanstieg, der nicht mehr zulässig ist. Die *Spitzensperrspannung* ist daher der höchste zulässige Wert, der auch kurzzeitig nicht überschritten werden darf. Die negative Sperrkennlinie entspricht in ihrem Verlauf etwa der einer Diode.

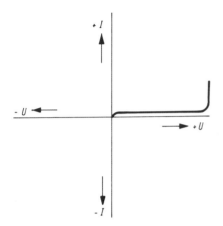

Bild 2.3   Positive Sperrkennlinie

Legt man an die Anode eine positive, an die Kathode eine negative Spannung, dann erhält man die *positive Sperrkennlinie:* den positiven Sperrstrom in Abhängigkeit von der positiven Sperrspannung. Auch hier wird die höchste zulässige Spannung durch die höchste zulässige Spitzensperrspannung begrenzt.

Negative und positive Sperrkennlinien entsprechen sich in ihrem Verlauf. Im Gegensatz zur Diode, die bei positiver Spannung durchlässig wird, sperrt der Thyristor auch bei positiver Spannung.

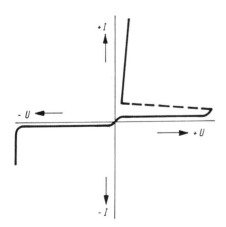

Bild 2.4   Durchlaßkennlinie

# Thyristor L2.4

Wird bei positiver Sperrspannung über das Steuergitter ein Zündimpuls auf den Thyristor gegeben, dann wird der Thyristor durchlässig, die bisher am Thyristor liegende Spannung liegt jetzt an der Last, und am Thyristor tritt nur noch ein kleiner Spannungsabfall entsprechend dem Durchlaßwiderstand des Thyristors auf.

In Bild 2.4 ist die *Durchlaßkennlinie* eingezeichnet und gleichzeitig nochmals die positive und die negative Sperrkennlinie. Dabei ist darauf zu achten, daß Durchlaßkennlinie und Sperrkennlinie zueinander nicht maßstabgerecht sind. Bei der Sperrkennlinie beträgt z. B. bei 1000 V Spitzensperrspannung der Sperrstrom etwa 10 mA. Bei der Durchlaßkennlinie ist der Spannungsabfall in Durchlaßrichtung nur etwa 1,5 V, also rund 1000mal kleiner; der Durchlaßstrom kann z. B. aber 100 A betragen und damit 10 000mal größer gegenüber dem Sperrstrom von 10 mA sein.

## Technische Daten

Für die Auswahl des geeigneten Thyristors, für seinen Schutz und seine Beschaltung sind die in den *Datenbüchern* angegebenen technischen Daten maßgebend. Hier sollen die für die Anwendung des Thyristors bei netzgeführten Stromrichtern wichtigsten Daten betrachtet werden.

Grenzgleichstrom und Spitzensperrspannung ergeben bei Berücksichtigung entsprechender Sicherheitsfaktoren die für einen bestimmten Antrieb erforderliche Gleichstromleistung und damit die bei der gewählten Schaltung erforderliche Anzahl der Thyristoren. Der *Grenzgleichstrom* $I_d$ ist „der arithmetische Mittelwert des höchsten dauernd zulässigen Stromes der Stromrichterschaltung bei nichtlückendem rechtförmigem Strom und definierten Kühlbedingungen".

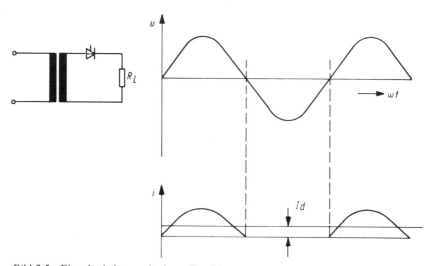

Bild 2.5  Einpulsschaltung mit einem Thyristor

Bild 2.5 zeigt die auch als Einwegschaltung bezeichnete *Einpulsschaltung*. Sie ist die einfachste Stromrichterschaltung, da sie nur mit einem Thyristor arbeitet. Der Stromverlauf stimmt mit dem einer Diode überein, wenn bei Nulldurchgang von negativer zu positiver Spannung der Thyristor einen Zündimpuls erhält. Bei ohmscher Last erhalten wir im positiven Spannungsbereich einen dem Spannungsverlauf entsprechenden Stromverlauf, bei negativer Spannung sperrt der Thyristor. Dieser Verlauf ist im Bild rechts dargestellt. Zu dem Augenblickswert $i$ des Gleichstroms ist auch der arithmetische Mittelwert $I_d$ eingetragen. Dies ist der Strom, der von einem Drehspulmeßgerät gemessen wird. Der Mittelwert des Stromes durch den Thyristor $I_{v\,mittel}$ und der Laststrom $I_d$ stimmen hier überein. Bei mehrpulsigen Schaltungen dagegen teilt sich der Strom auf die Thyristoren der Schaltung auf. Es gilt dann allgemein

$$I_{v\,mittel} = \frac{1}{p} I_d.$$

($p$ Pulszahl der Stromrichterschaltung)

Aus dem $I_{v\,mittel}$ eines bestimmten Thyristortyps kann daher der Laststrom $I_d$ bei einer bestimmten Stromrichterschaltung bestimmt werden.

Der Thyristorstrom $I_{v\,mittel}$ ist erst durch folgende Größen eindeutig bestimmt:

Die Ausführung und Größe des *Kühlkörpers* bestimmt die Wärmemenge, die abgeführt werden kann.

Die maximal zulässige Temperatur im Thysistor, die Junction-Temperatur, ist maßgebend für die bei einer bestimmten Umgebungstemperatur zulässige Übertemperatur. Durch *Fremdbelüftung* kann die abgeführte Wärmemenge erhöht werden. Dabei ergeben sich 1,5- bis maximal 2fache zulässige Thyristorströme. Dies ist der Grund, daß bei größeren Leistungen im allgemeinen fremdbelüftete Stromrichtergeräte verwendet werden. Nach den Normen für Stromrichtergeräte werden bei Luftselbst-Kühlung +45 °C, bei verstärkter Kühlung (Fremdbelüftung) +35 °C zugrunde gelegt. In beiden Fällen ist eine Zulufttemperatur von +35 °C sicherzustellen, da damit zu rechnen ist, daß sich bei natürlicher Kühlung die Luft im Schrank wegen anderer Geräte schon um etwa 10 °C erwärmt hat, bis sie an die Thyristoren gelangt.

In der Tabelle Bild 2.6 sind auf Einwegschaltung und Luftselbstkühlung bezogene Werte des Grenzgleichstroms $I_g$ für verschiedene Stromrichterschaltungen (Einweg E, Stern S und Drehstrombrücke DB) für einen Thyristor mittlerer Größe angegeben. Wir entnehmen daraus den Einfluß der Kühlkörperausführung und der Kühlungsart.

Bei der Einwegschaltung ist ein Thyristor an der Stromführung beteiligt, bei der Sternschaltung und DB-Schaltung teilt sich die Stromführung auf drei Thyristoren mit einer Stromführungsdauer von je 120° el. auf. Wir entnehmen aus der Tabelle aber, daß nicht der 3fache, sondern nur der 2,85fache Strom gegenüber der Einwegschaltung zulässig ist.

# Thyristor

| Kühlkörper-Ausführung | Kühlart | Kühlmittel-temperatur | Kühlmittel-menge | Bezogene Werte des Grenzgleichstromes $I_d$ bei Schaltung | |
|---|---|---|---|---|---|
| | | | | E/1 | DB/6, S/3 |
| HK 02 | Luftselbst-Kühlung | 45°C | — | 1 | 2,8 |
| HK 02 | Fremdlüftung | 35°C | 35 l/s | 2,4 | 6,4 |
| HK 02 | Fremdlüftung | 35°C | 65 l/s | 2,65 | 7,0 |
| LK 17 | Luftselbst-Kühlung | 45°C | — | 1,54 | 4,1 |
| LK 17 | Fremdlüftung | 35°C | 42 l/s | 2,94 | 7,7 |
| LK 17 | Fremdlüftung | 35°C | 100 l/s | 3,15 | 8,3 |

Bild 2.6 Bezogene Werte des Grenzgleichstroms $I_d$ für verschiedene Stromrichterschaltungen

Der Grund hierfür ist, daß der Stromflußwinkel bei der Einwegschaltung 180° beträgt, bei der Sternschaltung (auch bei der Drehstrom-Brückenschaltung) 120°. Je kleiner der Stromflußwinkel (oder die Stromführungsdauer) ist, desto höhere Verluste treten auf, da das Verhältnis Effektivwert zu Mittelwert ungünstiger wird. In Bild 2.7 sind bezogene Verlustkennlinien für verschiedene Stromflußwinkel dargestellt.

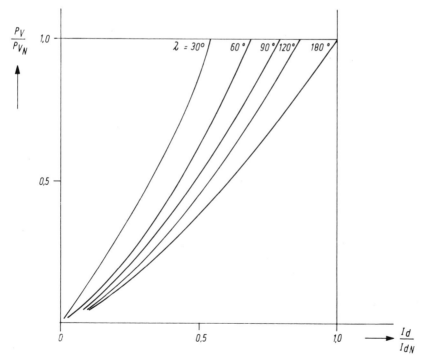

Bild 2.7 Durchlaßverluste als Funktion des Stromes für verschiedene Stromflußwinkel 2

## L2.7 Thyristor

Die *Spitzensperrspannung* $U_{DRM}$ ist „der höchste zulässige Augenblickswert in positiver oder negativer Richtung". Dieser Wert darf auch kurzzeitig nicht überschritten werden, da sonst der Thyristor durch Überschlag zerstört werden kann. Während in Stadtnetzen die auftretenden Spannungsspitzen im allgemeinen nur gering sind, können sie in Industrienetzen aufgrund von durchgeführten Messungen bis zum 2fachen Scheitelwert der Netzspannung oder sogar darüber gehen. Es ist daher notwendig, die bei einem bestimmten Thyristor gegebene Spitzensperrspannung durch einen *Spannungssicherheitsfaktor* zu reduzieren, der zwischen dem Wert 2,0 bis 2,5 liegt. Der Spannungssicherheitsfaktor ist definiert zu

$$F_u = \frac{U_{DRM}}{\sqrt{2}\, U_{eff}}.$$

Zwei Beispiele sollen dies erläutern:

1. An welche Netzspannung kann eine Drehstrom-Brückenschaltung mit Thyristoren von einer Spitzensperrspannung $U_{DRM} = 1350$ V angeschlossen werden, wenn ein Spannungssicherheitsfaktor von $F_u$ 2,5 zugrunde gelegt wird?

$$U = \frac{1350}{\sqrt{2} \cdot 2{,}5} = 380 \text{ V}.$$

2. Welcher Spannungssicherheitsfaktor ergibt sich bei Anschluß einer Drehstrom-Brückenschaltung an ein 500-V-Netz mit Thyristoren von einer Spitzensperrspannung $U_{DRM} = 1650$ V?

$$F_u = \frac{1650}{500 \cdot \sqrt{2}} = 2{,}33.$$

Diese beiden Beispiele wurden gewählt, um zu veranschaulichen, wie die Spitzensperrspannung von Thyristoren bei Anschluß der Drehstrom-Brückenschaltung an 380-V- bzw. 500-V-Netze etwa gewählt wird.

Das *Grenzlastintegral* – auch als Grenz-$I^2 t$-Wert bezeichnet – gibt an, welche maximale Strommenge (Wärmemenge) im Zeitbereich von 1 bis 10 ms bei einem Thyristor noch zulässig ist, ohne daß er zerstört wird. Dieser Wert wird benötigt, um damit die geeignete superflinke Sicherung als Kurzschlußschutz für den Thyristor aussuchen zu können.

Der $I^2 t$-Wert der Sicherung muß nun für einen sicheren Schutz unter dem des Thyristors liegen. Bei der Wahl der Sicherung ist der Schmelz- und Lösch-$I^2 t$-Wert anzuwenden, da erst nach dem Löschen des Lichtbogens der Strom unterbrochen wird. Zur Anpassung an den Verlauf der Zeit-Überstrom-Kennlinien des Thyristors werden superflinke Spezialsicherungen verwendet.

Thyristor **L2**.8

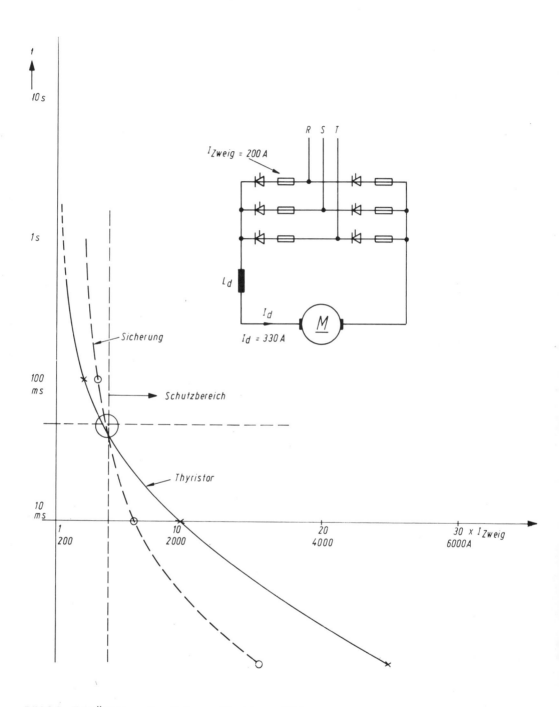

Bild 2.8 Zeit-Überstrom-Kennlinien von Thyristor und Sicherung

In Bild 2.8 sind als Beispiel die Zeit-Überstrom-Kennlinien eines Thyristors und der zum Kurzschlußschutz verwendeten Zweigsicherung aufgetragen. Bei einer sechspulsigen Drehstrom-Brückenschaltung sind sechs Zweigsicherungen erforderlich. Der Schnittpunkt zwischen Sicherungs- und Thyristorkennlinie liegt etwa bei dem fünffachen Grenzstrom des Thyristors und einer Stromführungszeit von etwa 70 ms. Bei höheren Strömen liegt die Kennlinie der Sicherung unter der des Thyristors, d. h., in diesem Bereich schützt die Sicherung den Thyristor, da ein Ansprechen der Sicherung erfolgt, ehe der Thyristor durch Überlastung zerstört wird. Bei kleineren Strömen kann der Thyristor durch Überlastung zerstört werden, da die Sicherung nicht mehr in der für den Thyristor zulässigen Überlastungszeit anspricht. Daraus ergibt sich, daß die Sicherung nur als Kurzschlußschutz wirksam ist, im Überlastbereich sind andere Maßnahmen für den Schutz der Thyristoren erforderlich.

Die *kritische Stromsteilheit* $S_{I\,krit}$ ist der größte zulässige Stromanstieg bei Beginn der Kommutierung. Der Stromanstieg bei der Kommutierung (Stromübergang vom stromführenden auf den stromübernehmenden Thyristor) ist durch die Induktivitäten im Kreis begrenzt. Ein zu steiler Stromanstieg kann zu örtlicher Übertemperatur und damit zur Zerstörung des Thyristors (Durchlegieren) führen, da sich der Strom nach dem Zünden in den ersten Mikrosekunden wegen der unterschiedlichen Leitfähigkeit noch nicht gleichmäßig auf die ganze Oberfläche des Thyristors verteilt. Die zulässigen Werte liegen bei 50 bis 100 A/µs.

Die *kritische Spannungssteilheit* $S_{U\,krit}$ ist der größte zulässige Wert der Spannungssteilheit, bei der der Thyristor noch nicht vom sperrenden in den leitenden Zustand übergeht. Bei zu großer Spannungssteilheit kann der Thyristor – ohne Zündimpuls am Steuergitter – durchlässig werden; dies wird Durchzünden des Thyristors genannt. Die zulässige maximale Spannungssteilheit liegt bei Werten zwischen 200 bis 300 V/µs.

Stromsteilheit und Spannungssteilheit werden durch in die Netzzuleitungen des Stromrichters eingebaute Kommutierungsdrosseln begrenzt.

Damit ergibt sich wie Bild 2.9 zeigt, beim Übergang des Stromes von einem Thyristor zum nächsten eine Zeit, die als *Kommutierungszeit* bezeichnet wird und zwischen 0,5 und 1 ms liegt.

Da bei Erreichen von Strom Null im Thyristor noch Ladungsträger vorhanden sind, die nicht schlagartig verschwinden können, fließt der Strom im Thyristor weiter, bis alle Ladungsträger verschwunden sind, und reißt dann ab. Dieses Verhalten wird als **Träger-Speicher-Effekt** (TSE) bezeichnet. Beim Stromabriß können infolge der Induktivitäten im Thyristorzweig hohe Spannungsspitzen auftreten, die den Thyristor gefährden. Diese werden durch eine RC-Beschaltung (TSE-Beschaltung) begrenzt. Der Widerstand $R$ begrenzt dabei den Entladestromstoß beim nächsten Zünden des Thyristors.

Thyristor  **L2**.10

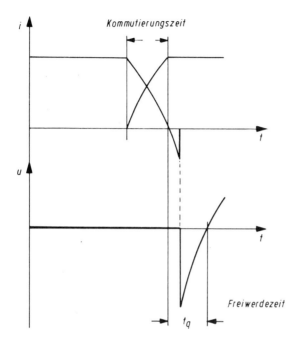

Bild 2.9
Strom- und Spannungsverlauf eines Thyristors während der Kommutierung

In Bild 2.9 ist der Spannungsverlauf am Thyristor aufgezeichnet. Anschließend an die Spannungsspitze in negativer Richtung wird die anliegende Spannung durch Null gehen und als positive Sperrspannung am Thyristor anliegen.

Als *Freiwerdezeit* bezeichnet man die Zeit, die vom Nulldurchgang des Stromes an vergeht, bis der Thyristor wieder Sperrspannung in positiver Richtung aufnimmt.

Kommutierungszeit und Freiwerdezeit ergeben zusammen die Gesamtzeit, die von Beginn der Kommutierung bis zum sicheren Sperren des Thyristors vergeht.

Die *Steuerleistung* des Thyristors setzt sich aus Zündspannung und Zündstrom zusammen. Die Zündspannung liegt zwischen 1 bis 3 V, der Zündstrom kann je nach Größe und Aufbau des Thyristors einige 10 bis einige 100 mA betragen. Um genormte Stromversorgungsspannungen anzuwenden, ist es zweckmäßig, zwischen den Ausgang der Baugruppe, die den Zündstrom liefert – des Steuersatzes also –, und die Steuerelektrode des Thyristors einen Übertrager zur Anpassung zu schalten.

*Zubehör des Thyristors*

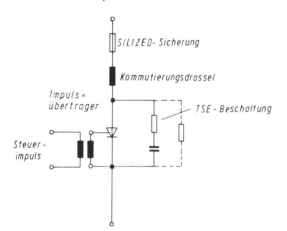

Bild 2.10

In Bild 2.10 sind die Bauelemente eingezeichnet, die für eine einwandfreie Funktion des Thyristors erforderlich sind. Sie werden im folgenden zusammenfassend besprochen:

1. Die SILIZED®-*Sicherung* schützt den Thyristor im Kurzschlußfall, da sie durch ihren kleineren $I^2t$-Wert schneller zerstört wird als der Thyristor. Bei der Drehstrom-Brückenschaltung, die bei Stromrichterantrieben vorzugsweise angewendet wird (s. Abschnitt „Stromrichterschaltungen"), können entweder Sicherungen in die drei Zuleitungen (Strangsicherungen) oder Sicherungen vor jeden Thyristor (Zweigsicherungen) eingebaut werden (Bild 2.11).

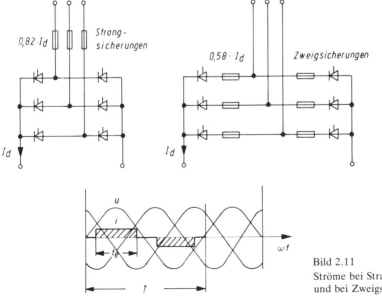

Bild 2.11
Ströme bei Strangsicherungen
und bei Zweigsicherungen

Thyristor **L2**.12

*Strangsicherungen* schützen, wenn im Einquadrantbetrieb z. B. durch einen Kurzschluß auf der Gleichstromseite ein Kurzschlußstrom über die Sicherungen fließt. Sie schützen nicht, wenn bei einem Mehrquadrantenantrieb – der gerade im Wechselrichterbetrieb arbeitet – ein Thyristor durchlässig wird oder Fehlimpuls erhält. Aus diesem Grund werden bei Mehrquadrantenantrieben *Zweigsicherungen* verwendet.

Der effektive Wechselstrom – bezogen auf den Gleichstrom $I_d$ – beträgt bei der Drehstrom-Brückenschaltung und Strangsicherungen $I = 0{,}82\ I_d$, bei Zweigsicherungen $I = 0{,}58\ I_d$ [1]). Es kann daher auch bei Einquadrantantrieben sinnvoll sein, Zweigsicherungen zu verwenden, wenn durch die günstigere Anpassung im Einzelfall eine höhere Ausnutzung des Thyristors möglich wird.

2. Die *Kommutierungsdrossel* begrenzt den Stromanstieg ($di/dt$) an den Thyristoren bei der Kommutierung sowie den Spannungsanstieg ($du/dt$) an den Thyristoren. Um Rückwirkungen des Stromrichters auf das Netz oder andere Verbraucher zu begrenzen, haben die Drosseln einen bezogenen Spannungsabfall von 4% (VDE 0160).

3. Die *TSE-Beschaltung* besteht aus einer Reihenschaltung von Kondensator und Widerstand parallel zu Anode und Kathode des Thyristors.
Sie wird so bemessen, daß Spannungsspitzen am Thyristor begrenzt werden, ohne daß der Lade- bzw. Entladestrom zu groß wird.

4. *Parallelwiderstand Anode–Kathode* ist bei in Reihe geschalteten Thyristoren erforderlich, damit beim Zünden die Spannung sich gleichmäßig auf die einzelnen Thyristoren aufteilt.

5. *Impulsübertrager* dient zur Anpassung an den Steuersatz und zur galvanischen Trennung von Leistungsteil und Steuer- und Regelteil.

---

[1]) Berechnung eines Effektivstroms:
Es gilt allgemein
$$I = \sqrt{\frac{1}{T}\int_0^T i^2 \cdot dt}$$

Geht man von einem konstanten Gleichstrom während der Stromführungsdauer aus, dann können wir das Verhältnis
$\dfrac{\text{Stromführungsdauer } t_e}{\text{Periodendauer } T}$ einführen.

Es gilt dann
$$I = \sqrt{\frac{t_e}{T} I_d^2}.$$

Über eine Strangsicherung fließt ein Strom von zwei Thyristoren.
$$I = \sqrt{\frac{0{,}66}{1{,}0} I_d^2} = 0{,}82\ I_d$$

Über eine Zweigsicherung fließt ein Strom von nur einem Thyristor:
$$I = \sqrt{\frac{0{,}33}{1{,}0} I_d^2} = 0{,}58\ I_d$$

# Thyristor — A2

**1.**

Welche Unterschiede bestehen zwischen einer Diode und einem Thyristor bei negativer und bei positiver Anoden-Kathoden-Spannung?

**2.**

Welche Daten sind für die Auswahl eines Thyristors für eine bestimmte Leistung (Strom und Spannung) wesentlich?

**3.**

Welche Aufgabe haben Drosseln in den Netzzuleitungen?

**4.**

Wie wird ein Thyristor für den Kurzschlußfall geschützt?

**5.**

Nach welchen Kennwerten wird die passende Sicherung ausgewählt?

**6.**

Welche Aufgabe hat ein RC-Glied parallel zur Anoden-Kathoden-Strecke eines Thyristors und wie wird es daher genannt?

# E2 — Thyristor

**1.**

Die Diode sperrt bei negativer Anoden-Kathoden-Spannung und ist bei positiver Anoden-Kathoden-Spannung durchlässig. Der Thyristor sperrt bei negativer *und* positiver Anoden-Kathoden-Spannung. Durch einen Zündimpuls zwischen Steuergitter und Kathode wird er bei positiver Anoden-Kathoden-Spannung durchlässig.

**2.**

Die Spitzensperrspannung und die sich daraus ergebende zulässige effektive Wechselspannung und der maximale dauernd zulässige Gleichstrom (Grenzgleichstrom). Aus diesen Werten ergibt sich die Stromrichterleistung in einer bestimmten Schaltung.

**3.**

Drosseln in den Netzzuleitungen sind erforderlich, um die Stromanstiegsgeschwindigkeit beim Stromübergang von einem Thyristor zum nächsten – der Kommutierung – zu begrenzen und Netzrückwirkungen klein zu halten.

**4.**

Durch eine superflinke, an die Zeit-Strom-Kennlinien des Thyristors angepaßte Sicherung.

**5.**

Nach dem in der Sicherung fließenden Effektivstrom und nach dem $I^2 t$-Wert (Wärmemenge) des Thyristors und der Sicherung.

**6.**

Schutz des Thyristors gegen Überspannungen, insbesondere beim Abriß des Stromes des stromübergebenden Thyristors. Die Beschaltung wird Träger-Speicher-Effekt-(TSE)-Beschaltung genannt, da die Ladungsträger im Thyristor nicht schlagartig verschwinden.

# Stromrichterschaltungen **L3**.1

*Übersicht*

Für die Speisung von Gleichstromantrieben aus dem Drehstromnetz werden netzgeführte Stromrichter mit natürlicher Kommutierung verwendet. Die Wirkungsweise dieser Stromrichter wurde in der Reihe „Industrieelektronik" bereits ausführlich behandelt[1]).

Hier sollen daher nur die wichtigsten Eigenschaften des netzgeführten Stromrichters an der leicht überschaubaren dreipulsigen Sternschaltung zusammengefaßt dargestellt werden. Anschließend wird auf die bei Antrieben am häufigsten verwendete sechspulsige Drehstrom-Brückenschaltung näher eingegangen.

*Die dreipulsige Sternschaltung und ihre Arbeitsweise bei ohmscher Last*

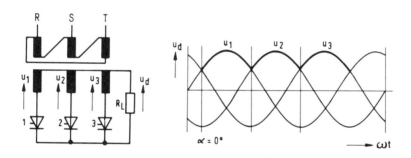

Bild 3.1
Dreipulsiger Stromrichter. Verlauf der Gleichspannung und Zündimpulsströme bei $\alpha = 0°$

In Bild 3.1 ist die dreipulsige Sternschaltung mit Thyristoren bei ohmscher Last dargestellt. Die drei Thyristoren sind über einen Transformator angeschlossen, da ein belastbarer Mittelpunkt erforderlich ist; diese Schaltung wird daher auch Mittelpunktschaltung genannt.

Neben der Schaltung ist der Verlauf der drei Sternspannungen ($u_1$, $u_2$, $u_3$) aufgetragen. Dieser Zündwinkel wird als *natürlicher Zündzeitpunkt* bezeichnet und ergibt die maximal mögliche Gleichspannung mit dem im Bild dick eingezeichneten Kurvenverlauf. Den arithmetischen Mittelwert der Gleichspannung erhalten wir durch Integrieren der Stern-

---

[1]) Netzgeführte Stromrichter mit natürlicher Kommutierung. Schaltungen und Wirkungsweise
ISBN 3-8009-6105-9

spannung für den Zeitraum vom Beginn bis zum Ende der Stromführung. Wir erhalten damit die *ideelle Leerlaufgleichspannung*[1]) zu

$$U_{di} = 1{,}17 \cdot U_{so}$$

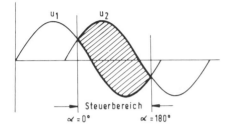

Bild 3.2  Steuerbereich

In Bild 3.2 ist der Steuerbereich des Stromrichters am Beispiel des Stromübergangs von Thyristor 1 auf Thyristor 2 (Sternspannungen $u_1/u_2$) aufgetragen. Er liegt zwischen $\alpha = 0°$ und $\alpha = 180°$. Für diesen Bereich muß der Steuersatz (Teil 4), der die Impulse liefert, ausgeführt sein.

Betrachten wir jetzt in Bild 3.3 Spannungsverlauf und Stromverlauf bei Verschiebung des Zündzeitpunktes auf $\alpha = 30°$ bzw. $\alpha = 120°$. Da rein ohmsche Last vorausgesetzt ist, wird der Mittelwert der Gleichspannung nur durch die positiven Ausschnitte aus den Sinushalbwellen bestimmt. Der Stromverlauf entspricht genau dem Spannungsverlauf. Bei Verschiebung des Steuerwinkels über $\alpha = 30°$ hinaus beginnt der Strom zu lücken. Der Steuerbereich für eine Änderung der Spannung von Maximalwert bis Null beträgt 150°.

---

[1]) Berechnung der ideellen Leerlaufgleichspannung $U_{di}$:

Es gilt allgemein $U_{di} = \dfrac{1}{T} \int\limits_0^T U_s(\omega t)\, d\omega t$

Für die 3pulsige Sternschaltung gilt

$$U_{di} = \frac{1}{2\pi/3} \cdot \sqrt{2} \cdot U_s \int\limits_{-\frac{\pi}{3}}^{+\frac{\pi}{3}} \cos \omega t\, d\omega t$$

$$= \frac{1}{2\pi/3} \cdot \sqrt{2} \cdot U_s (\sin d\,\pi/3 + \sin d\,\pi/3)$$

$$= \frac{3}{2\pi} \cdot \sqrt{2} \cdot U_s \cdot 1{,}732$$

$$\underline{U_{di} = 1{,}17 \cdot U_s}$$

# Stromrichterschaltungen   L3.3

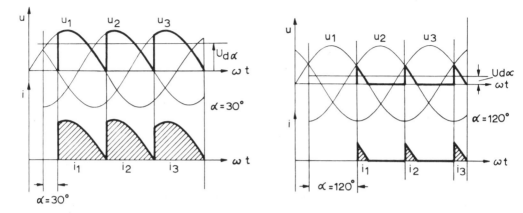

Bild 3.3  Spannungs- und Stromverlauf bei ohmscher Last

Ohmsche Lastverhältnisse sind z. B. bei Galvanikanlagen und in der Plasmaphysik vorhanden. In beiden Fällen wird man jedoch Wechselstrom- bzw. Drehstromsteller auf der Netzseite verwenden und dann auf die benötigte niedrige Spannung bei Galvanikanlagen bzw. hohe Spannung in der Plasmaphysik transformieren. Die anschließend erforderliche Gleichrichtung über Dioden ergibt insgesamt trotzdem eine wirtschaftlich günstigere Lösung, da in beiden Fällen die aufwendigeren Thyristorstromrichter in Spannung und Strom optimal ausgenutzt werden können.

Bei der Prüfung eines Stromrichters für Gleichstromantriebe ist jedoch zunächst eine Belastung über ohmsche Widerstände sinnvoll. Dabei wird durch die ohmsche Last der Strom auf zulässige Betriebswerte begrenzt, und Fehler in der Schaltung führen nicht zum Kurzschluß, wie es bei Motoranschluß möglich ist.

*Die dreipulsige Sternschaltung bei Motorlast*

Im Schaltplan Bild 3.4 ist im Gleichstromkreis der Motor mit seiner Ankerinduktivität $L_A$ und einer vorgeschalteten Drossel $L_d$ angeschlossen. Unter der Voraussetzung unendlich großer Induktivität gilt für die Gleichspannung

$$U_{di\alpha} = U_{di} \cos \alpha.$$

In Bild 3.4 ist hierzu der Spannungsverlauf bei $\alpha = 30°$, $60°$ und $90°$ aufgezeichnet. In diesem Bereich erhalten wir einen positiven Mittelwert der Gleichspannung vom Maximalwert bei $\alpha = 0°$ bis zu Null bei $\alpha = 90°$.

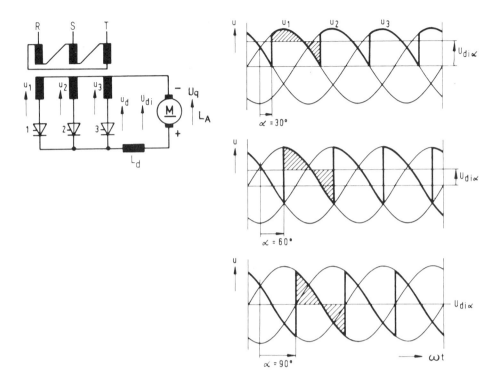

Bild 3.4  Spannungsverlauf im Gleichrichterbetrieb

Man spricht von *Gleichrichterbetrieb,* da die Wechselstromenergie des Netzes über den Stromrichter in Gleichstromenergie umgewandelt und dem Gleichstrommotor zugeführt wird. Damit kann die Drehzahl eines Gleichstrommotors bei konstanter Erregung von Drehzahl Null ($\alpha = 90°$) bis zur Nenndrehzahl ($\alpha = 0°$) stetig verändert werden.

Ein elektrisches Bremsen eines Gleichstrommotors ist möglich, wenn die im Motor gespeicherte Energie über den Stromrichter in das Wechselstromnetz zurückgespeist werden kann. Mit der Schaltung in Bild 3.4 – der Motor wurde hochgefahren – ist das nicht möglich, da der Strom vom Motor bei der gegebenen Polarität nicht über den Stromrichter fließen kann.

Erst wenn wir die Polarität am Anker des Motors umkehren (Bild 3.5), wird ein Stromfluß möglich. Damit der Strom begrenzt wird, muß – im Gegensatz zum Gleichrichterbetrieb, bei dem die Maschinenspannung $U_q$ der Stromrichterspannung das Gleichgewicht hält – jetzt der Maschinenspannung $U_q$ eine Stromrichterspannung entgegengeschaltet werden.

Stromrichterschaltungen    L3.5

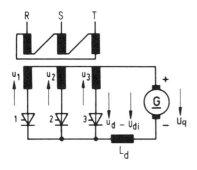
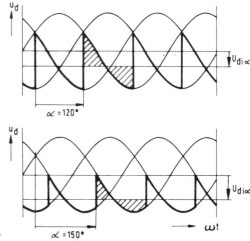

Bild 3.5  Spannungsverlauf im Wechselrichterbetrieb

Dies ist möglich, wenn wir den Stromrichter über 90° in *Richtung* α = 180° aussteuern. Es ergibt sich dann eine negative Stromrichterspannung, wie Bild 3.5 für eine Aussteuerung bei α = 120° und α = 150° zeigt.

Soll der Motor z. B. von <u>voller Drehzahl</u> aus elektrisch abgebremst werden, dann muß entsprechend auch die negative Stromrichterspannung auf den vollen Wert eingestellt sein. Durch Verringerung der Stromrichter-Gegenspannung fließt Strom vom Motor über den Stromrichter in das Wechselstromnetz zurück. Der Motor wird abgebremst, die im Läufer induzierte Spannung $U_q$ wird kleiner und die Stromrichterspannung wird über die Regelung so nachgestellt, daß weiter ein konstanter Strom fließt.

Diese Betriebsart wird <u>Wechselrichterbetrieb</u> genannt, da hier Gleichstromenergie in Wechselstromenergie umgewandelt wird.

*Kommutierung und Wechselrichtertrittgrenze*

Bei der Betrachtung des Stromübergangs – der Kommutierung – von einem Thyristor auf den folgenden wurde vorausgesetzt, daß dieser unverzögert vor sich geht. Tatsächlich erfolgt die Kommutierung infolge der wirksamen Reaktanzen im Kommutierungskreis jedoch mit endlicher Geschwindigkeit.

Den Vorgang der Kommutierung wollen wir anhand des Schaltplans in Bild 3.6 betrachten.

Wir nehmen an, der Thyristor 1 führt Strom und der Thyristor 2 wird bei α = 90° (Gleichrichterbetrieb) gezündet. Sobald der Thyristor 2 Strom zu übernehmen beginnt, fließt in dem durch die Thyristoren 1 und 2 gebildeten Kreis ein zweipoliger Kurzschlußstrom $i_K$,

37

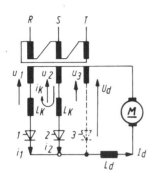

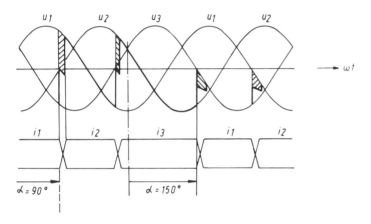

Bild 3.6  Kommutierung

dessen treibende Spannung die Leiterspannung $u_{12}$ ist. Da der Gleichstrom $I_d$ – erzwungen durch die Glättungsdrossel $L_d$ – konstant weiterfließt, nimmt der Strom im Thyristor 1 im gleichen Maße ab, wie er im Thyristor 2 zunimmt, so daß die Summe der beiden Ströme $i_1 + i_2$ zu jedem Zeitpunkt den konstanten Gleichstrom $I_d$ ergibt. Während der Kommutierung erhalten wir auf der Drehstromseite des Stromrichters den eingezeichneten Spannungseinbruch der der halben Summe der beiden Sternspannungen entspricht. Damit ergeben sich ein Spannungsverlust entsprechend der schraffierten Spannungs-Zeit-Fläche und eine Verringerung des Mittelwerts der Gleichspannung. Dieser Spannungsverlust wird *induktive Gleichspannungsänderung* genannt.

Im unteren Teil von Bild 3.6 ist der Zündzeitpunkt um weitere 60° auf $\alpha = 150°$ (Wechselrichterbetrieb) verschoben. Für die Kommutierung steht jetzt gegenüber $\alpha = 90°$ eine kleinere Spannung zur Verfügung. Um den gleichen Strom wie bei $\alpha = 90°$ zu kommutieren, wird daher mehr Zeit benötigt, da die gleiche Spannungs-Zeit-Fläche erforderlich ist.

# Stromrichterschaltungen

Die Zeit, die der Thyristor benötigt, um bei der maximal zulässigen Stromanstiegsgeschwindigkeit zu kommutieren, heißt *Kommutierungszeit;* sie wird auch *Überlappungszeit* genannt, da während der Kommutierungszeit zwei sich ablösende Thyristoren gleichzeitig an der Stromführung teilnehmen. Der Überlappungszeit entspricht der *Überlappungswinkel u.*

Die Voraussetzung für die Stromübernahme durch den folgenden Thyristor ist, daß der vorhergehende Thyristor volle Sperrspannung übernommen hat, bevor $\alpha = 180°$ erreicht ist. Hierzu ist nicht nur der Überlappungswinkel, sondern auch die Freiwerdezeit des Thyristors zu berücksichtigen. Hat der Thyristor, der gesperrt werden bzw. die Stromführung auf den nächsten Thyristor übergeben soll, bei 180° seine volle Sperrfähigkeit noch nicht erreicht,

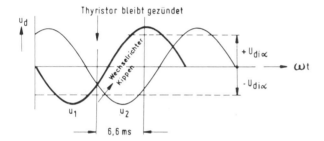

Bild 3.7  Wechselrichterkippen

dann kommutiert der Strom, der auf den folgenden Thyristor schon übergegangen ist, auf den vorhergehenden wieder zurück, da dessen Anoden-Kathoden-Spannung wieder positiv geworden ist. Die an diesem Thyristor anliegende Sternspannung $u_1$ ändert ihren Augenblickswert von Minus durch Null in Richtung Plus. Es kommt zu einer schnell ansteigenden Spannungsdifferenz zwischen Maschinenspannung $U_q$ und Sternspannung $u_1$, der Strom steigt kurzschlußartig an und ein Ansprechen der Sicherungen ist die Folge.

Da die Sternspannung in kurzer Zeit von der negativen in die positive Richtung übergeht oder umkippt, bezeichnet man diesen Vorgang – der nur im Wechselrichterbetrieb auftreten kann – als *Wechselrichterkippen* (Bild 3.7). Um diesen Vorgang zu vermeiden, ist es erforderlich, den Steuerbereich auf der Wechselrichterseite zu begrenzen. Diese Begrenzung erfolgt im allgemeinen am Steuersatz durch Begrenzung der für Wechselrichteraussteuerung erforderlichen Steuergleichspannung am Eingangsverstärker des Steuersatzes. Unter Berücksichtigung der maximalen Kommutierungszeit und Freiwerdezeit des Thyristors erfolgt bei Antrieben, die im Gleichrichterbetrieb *und* im Wechselrichterbetrieb arbeiten, die Begrenzung auf $\alpha = 150°$. Diese Begrenzung im Wechselrichterbetrieb bezeichnet man als *Wechselrichtertrittgrenze.*

## Das Lücken des Stroms

Wir haben gesehen, daß bei ohmscher Last der Verlauf des Stroms ein genaues Abbild der Spannung ist und daß der Strom zu Null wird und lückt, sobald die Spannung negativ wird.

Bei Betrieb auf Gegenspannung, d.h. bei Anschluß eines Gleichstrommotors, ist durch die Größe der Differenz zwischen der Stromrichterspannung $U_{di}$ und der Maschinenspannung $U_q$ die Größe des Mittelwerts des Gleichstroms gegeben; die Belastung des Motors bestimmt die Differenzspannung zwischen Stromrichterspannung und Maschinenspannung.

Da die Stromrichterspannung $U_d$ jedoch keine reine Gleichspannung ist, sondern von einer Wechselspannung überlagert ist, ergibt sich auch ein *oberschwingungshaltiger* Gleichstrom.

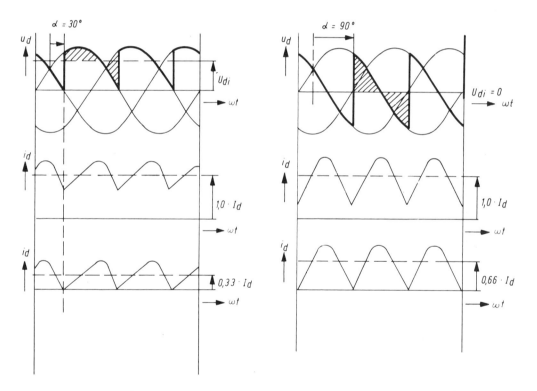

Bild 3.8  Spannungs- und Stromverlauf ohne Stromlücken

In Bild 3.8 sind Spannungsverlauf und Stromverlauf bei $\alpha = 30°$ und $\alpha = 90°$ aufgetragen. Für beide Fälle ist gleiche Induktivität im Ankerkreis angenommen.

Je größer die Induktivität, desto kleiner wird der Wechselanteil; je größer die Spannungs-Zeit-Fläche, desto größer wird der Wechselanteil. Der Wechselanteil nimmt mit steigendem Steuerwinkel zu und ist bei $\alpha = 90°$ am größten. In Bild 3.8 erkennen wir, daß die Spannungs-Zeit-Fläche über dem Mittelwert den Strom erhöht und unter dem Mittelwert verringert. Der Wechselanteil des Stromes hat den Mittelwert Null, die Fläche über $I_d$ ist so groß wie die Fläche unter $I_d$, wobei positiver und negativer Maximalwert des Stromes unterschiedliche Größen haben können. In dem Beispiel tritt bei Nennstrom $I_d$ in beiden Fällen noch kein Lücken des Stromes auf. Durch die unterschiedlichen Spannungs-Zeit-Flächen der überlagerten Wechselspannung wird bei $\alpha = 30°$ die Lückgrenze des Stromes bei $0{,}33\, I_d$ erreicht, bei $\alpha = 90°$ dagegen schon bei $0{,}66\, I_d$.

Unter Lückgrenze versteht man den Strom, bei dem gerade noch kein Lücken auftritt, d.h., wenn der negative Maximalwert des Stromes genau so groß ist wie der Gleichstrom. Für diese Lückgrenze gilt

$$- i_d \leqq I_d.$$

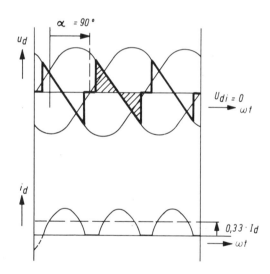

Bild 3.9
Spannungs- und Stromverlauf
bei Lücken des Stroms

In Bild 3.9 wurde der Spannungs- und der Stromverlauf bei $\alpha = 90°$ und $0{,}33\, I_d$ aufgezeichnet. Hier tritt jetzt schon ein Lücken des Stromes auf, und damit ändert sich auch der Spannungsverlauf $u_d$, da im Lückbereich die Gleichspannung zu Null wird.

# L3.10 Stromrichterschaltungen

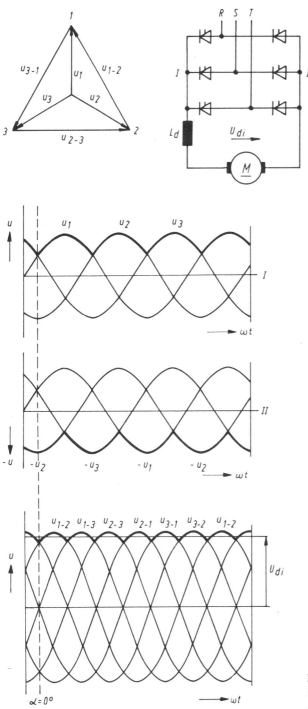

Bild 3.10
Bildung der Drehstrom-Brückenschaltung
aus zwei dreipulsigen Sternschaltungen

# Stromrichterschaltungen L3.11

*Die vollgesteuerte Drehstrom-Brückenschaltung*

Die am weitesten verbreitete Stromrichterschaltung mit Gleichstromausgang ist die vollgesteuerte Drehstrom-Brückenschaltung. Sie wird besonders bei Gleichstromantrieben bis zu den größten Leistungen verwendet.

Man kann sich die vollgesteuerte Drehstrom-Brückenschaltung aus der Reihenschaltung von zwei dreipulsigen Sternschaltungen entstanden denken; sie sind in Bild 3.10 mit I und II gekennzeichnet. Durch Addition der Momentanwerte der Sternspannungen erhält man die in Bild 3.10 unten aufgezeichneten Leiterspannungen. Es ergibt sich der dick ausgezogene Kurvenverlauf für die wellige Spannung $u_d$ und daraus der Mittelwert der Gleichspannung $U_{di}$. Die ideale Leerlaufgleichspannung ist doppelt so groß wie bei der Sternschaltung: $U_{di} = 2{,}34\ U_{s0}$.

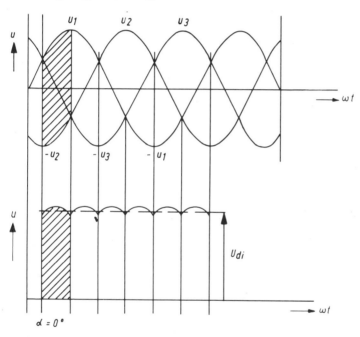

Bild 3.11 Drehstrom-Brückenschaltung Gleichspannung bei $\alpha = 0°$

In Bild 3.11 wurde der Verlauf der beiden dreipulsigen Sternspannungen I und II in *einer* Kurvenschar eingetragen, aus der die Momentwerte $u_d$ direkt entnommen werden können; diese und der Mittelwert der Gleichspannung $U_{di}$ wurden darunter aufgetragen. In den folgenden Bildern 3.11a bis c ist der Verlauf der Spannungen bei $\alpha = 30°, 60°$ und $90°$ aufgezeichnet.

Für die Berechnung des Mittelwerts der Gleichspannung gilt bei induktiver Last
$$U_{di\alpha} = U_{di}\cos\alpha.$$

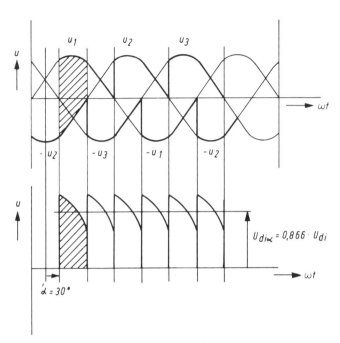

Bild 3.11a  Gleichspannung bei $\alpha = 30°$

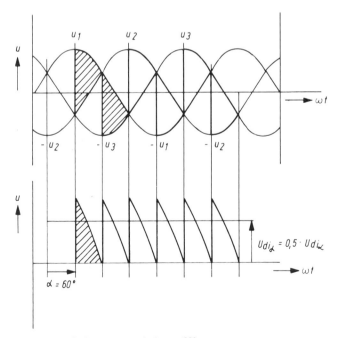

Bild 3.11b  Gleichspannung bei $\alpha = 60°$

Stromrichterschaltungen — L3.13

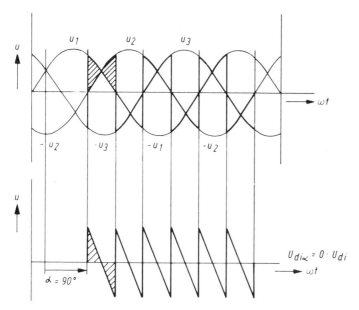

Bild 3.11c  Gleichspannung bei $\alpha = 90°$

Bei _ohmscher Last_ gilt die Gleichung $U_{di\alpha} = U_{di} \cos \alpha$ nur für den Bereich positiver Spannungsanteile; wird die Spannung am Thyristor negativ, dann sperrt der Stromrichter, und es tritt ein Lücken des Stromes auf. Bei der Drehstrom-Brückenschaltung liegt der Bereich positiver Spannungsanteile zwischen $\alpha = 0°$ und $\alpha = 60°$, bei der Sternschaltung zwischen $\alpha = 0°$ und $\alpha = 30°$.

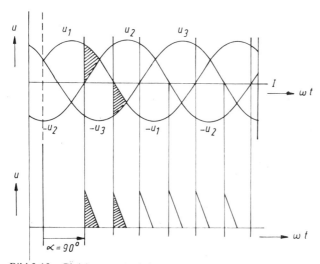

Bild 3.12  Gleichspannung bei ohmscher Last und $\alpha = 90°$

45

In Bild 3.12 ist für ohmsche Last und $\alpha = 90°$ die Bildung der Gleichspannung aus den positiven Spannungsanteilen dargestellt. Im Gegensatz zur induktiven Last erhält man bei $\alpha = 90°$ noch eine positive mittlere Gleichspannung $U_{di}$. Erst bei $\alpha = 120°$, dem Schnittpunkt der positiven und der negativen Sternspannung, wird der Mittelwert der Gleichspannung $U_{di} = 0$ V.

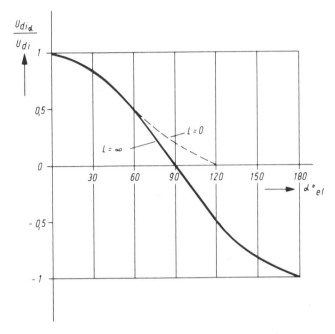

Bild 3.13  Steuerkennlinien für ohmsche und induktive Last

In Bild 3.13 sind die Steuerkennlinien für ohmsche Last ($L = \infty$) und induktive Last ($L = 0$) aufgetragen. Die Steuerkennlinien zeigen die Abhängigkeit des Mittelwerts der Gleichspannung vom Steuerwinkel ($U_{di\alpha}/U_{di} = (\alpha)$).

Der Verlauf der Steuerkennlinien ist bei drei- und sechspulsiger Schaltung bei induktiver Last ($L = \infty$) der gleiche. Bei ohmscher Last ergibt sich ein unterschiedlicher Bereich. Bei der dreipulsigen Schaltung beträgt er 150°, bei der sechspulsigen 120°.

Stromrichterschaltungen    L3.15

| Schaltplan | Drehstrom-Brückenschaltung | Sternschaltung |
|---|---|---|
| Phasenzahl (Pulszahl) | 6 | 3 |
| Welligkeit bei Vollaussteuerung $w$ (%) | 4 | 18 |
| Maximale Welligkeit $w$ (%) | 25 | 55 |
| $U_{di}/U_s$ | 2,34 | 1,17 |

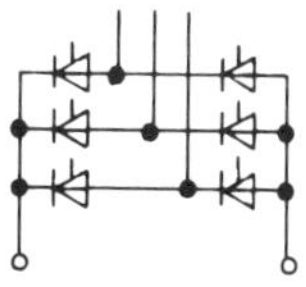

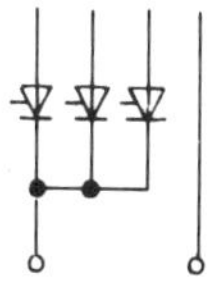

Bild 3.14

Die Vorteile der sechspulsigen Drehstrom-Brückenschaltung gegenüber der dreipulsigen Sternschaltung ergeben sich aus dem Vergleich der in der Tabelle (Bild 3.14) eingetragenen Kennwerte.

Der Anschluß an das Drehstromnetz kann direkt ohne Zwischenschaltung eines Transformators erfolgen, da kein besonderer Mittelpunkt erforderlich ist.

Die mittlere Gleichspannung ist doppelt so groß. Die Pulsfrequenz beträgt 300 statt 150 Hz, die Welligkeit ist bei Vollaussteuerung geringer und auch die maximale Welligkeit beträgt weniger als die Hälfte.

Höhere Pulszahl und geringere Welligkeit ergeben – wenn erforderlich – wesentlich kleinere Glättungsdrosseln.

# A3 Stromrichterschaltungen

**1.**
Was verstehen Sie unter einem netzgeführten Stromrichter?

**2.**
Was verstehen Sie unter natürlicher Kommutierung?

**3.**
In welchem Bereich kann bei der dreipulsigen und bei der sechspulsigen Schaltung Strom kommutiert werden und warum?

**4.**
Wie groß ist die Stromführungsdauer eines Thyristors bei der drei- und sechspulsigen Schaltung?

**5.**
Bei welchem Zündwinkel ergibt sich die maximale Gleichspannung?

**6.**
Woraus ergibt sich die Pulszahl eines Stromrichters?

**7.**
Mit welcher Frequenz schwankt die Gleichspannung um ihren Mittelwert?

**8.**
Was verstehen Sie unter „Gleichrichterbetrieb eines Stromrichters"?

**9.**
Wie nennt man die Betriebsart, bei der Gleichstromenergie in Wechselstromenergie umgewandelt wird, und in welchem Steuerbereich ist diese möglich?

**10.**
Welche Zeiten machen im Wechselrichterbetrieb eine Begrenzung erforderlich?

## 11.
Unter welchen Umständen ergibt sich eine kürzere Stromführungsdauer als 120°?

## 12.
Wie kann man bei oberschwingungshaltiger Gleichspannung einen Gleichstrom geringer Welligkeit erreichen?

# E3                    Stromrichterschaltungen

**1.**

Einen Stromrichter, bei dem der Stromübergang von Ventil zu Ventil durch Spannungsverlauf und Frequenz des Netzes bestimmt wird.

**2.**

Einen Stromübergang, der ohne zusätzliche Einrichtungen erfolgt.

**3.**

In einem Steuerbereich von $\alpha = 0$ bis $180°$, weil in diesem Bereich die Anoden-Kathoden-Spannung des stromübernehmenden Thyristors positiv ist.

**4.**

$120°$.

**5.**

Bei $\alpha = 0°$ maximale positive,
bei $\alpha = 180°$ maximale negative Gleichspannung.

**6.**

Aus der Anzahl der Stromübergänge während einer Periode.

**7.**

Mit der Pulsfrequenz des Stromrichters.

**8.**

Die Betriebsart, bei der die Wechselstromenergie des Netzes über den Stromrichter in Gleichstromenergie umgewandelt und dem Verbraucher zugeführt wird.

**9.**

Wechselrichterbetrieb zwischen $\alpha = 90°$ und $\alpha = 180°$.

**10.**

Die Kommutierungszeit und die Freiwerdezeit des Thyristors.

# Stromrichterschaltungen E3

**11.**

Wenn der Strom lückt.

**12.**

Durch eine Glättungsdrossel im Gleichstromkreis.

# L4.1 Steuerung und Steuersatz

*Einführung*

Wie wir gesehen haben, sperrt der Thyristor bei positiver und bei negativer anliegender Spannung. Bei positiver – an der Anode anliegender – Spannung kann der Thyristor jedoch durch einen Zündimpuls durchlässig gemacht werden.

Hierfür wird eine Steuereinrichtung benötigt, die je nach der Stromrichterschaltung die erforderlichen Zündimpulse zum erforderlichen Zeitpunkt liefert.

Bei Gleichstromantrieben werden halbgesteuerte und vollgesteuerte Stromrichterschaltungen für Einphasenanschluß und für Drehstromanschluß verwendet.

Jede dieser Schaltungen stellt an den Steuersatz bestimmte Anforderungen an Impulszahl, Impulsdauer, Überlappung der Impulse usw. Vom Thyristor selbst ergeben sich weitere Bedingungen hinsichtlich Größe der Zündspannung und des Zündstromes sowie Mindestdauer des Zündimpulses, damit der Thyristor sicher zündet.

Für die Ausführung des Steuersatzes gibt es eine große Zahl von Möglichkeiten, je nach den technischen Anforderungen, die an den Betrieb des Stromrichters von der Anwendung her gestellt werden. Heute werden ebenso wie in der Steuerungs- und Regelungstechnik Steuersätze mit Transistoren, die fast ausschließlich im Schaltbetrieb arbeiten, verwendet.

In der Gleichstrom-Antriebstechnik wird vorwiegend die vollgesteuerte Drehstrom-Brückenschaltung angewendet. Bei der Projektierung eines hierfür erforderlichen sechspulsigen Steuersatzes, der möglichst universell verwendbar sein soll, müssen daher technische Mindestforderungen erfüllt werden.

In Bild 4.1 (Tabelle) sind die wichtigsten Bedingungen zusammengestellt, die an den Steuersatz gestellt werden. Im folgenden werden diese Bedingungen und deren praktische Verwirklichung behandelt. Anschließend werden – als Beispiel – die Ausführung und die Funktion der einzelnen Stufen einer einpulsigen Steuereinheit eines sechspulsigen Steuersatzes beschrieben.

# L4.2

Steuerung und Steuersatz

| Bedingung aus | Ausführung |
|---|---|
| *Schaltung* | |
| Drehstrom-Brückenschaltung mit sechs Thyristoren | Sechs einpulsige Steuereinheiten |
| Sechs um je 60° verschobene Spannungen | Sechs um je 60° versetzte Impulse |
| Gleichzeitige Durchlässigkeit von zwei Thyristoren | Impulsdauer 70° |
| Synchronisierung der Zündimpulse zur wechselstromseitigen Thyristorspannung | Nulldurchgang-Synchronisierung |
| Steuerbereich | 210° (ab Nulldurchgang der Wechselspannung) |
| Wechselrichterbetrieb | Begrenzung der Aussteuerung auf Gleichrichter- und Wechselrichterseite durch Potentiometer ($\alpha_G = 30°$; $\alpha_w = 150°$) |
| *System* | |
| Konstruktive Anpassung | Steckbare Baueinheiten für Rahmeneinbau |
| Elektrische Anpassung | Gleichspannungen $\pm 24$ V |
| *Regler* | |
| Anpassung an Ausgangsgrößen des Reglers | Steuersatzeingang für $\pm 10$ V/1 mA |
| Zuordnung der Spannungspolaritäten | $-10$ V $\triangleq$ voller Gleichrichteraussteuerung ($\alpha = 0°$) <br> $+10$ V $\triangleq$ voller Wechselrichteraussteuerung ($\alpha = 180°$) |
| *Thyristor* | |
| Anpassung des Steuersatzausgangs an den Steuereingang des Thyristors | Impulsübertrager zur Anpassung an Systemspannung 24 V und galvanische Trennung von Leistungsteil und Steuerteil |

Bild 4.1
Bedingungen für sechspulsigen Steuersatz und seine Ausführung

*Anforderungen an den Steuersatz*

*Stromrichterschaltung*

Die Drehstrom-Brückenschaltung besteht aus sechs Thyristoren. Benötigt wird daher ein sechspulsiger Steuersatz, der aus sechs einpulsigen Steuereinheiten besteht. Jede einzelne Steuereinheit wird fest einem Thyristor zugeordnet und soll zum richtigen Zeitpunkt im erforderlichen Steuerbereich den Zündimpuls liefern. Der Thyristor allein läßt sich bei positiver Anodenspannung in sehr kurzer Zeit (etwa 10 µs) zünden, in der Schaltung ist jedoch eine wesentlich größere Impulsdauer erforderlich. Nach praktischen Untersuchungen muß bei der Drehstrom-Brückenschaltung zum Erreichen eines stabilen Betriebes im Lückbereich des Stromes die Impulsdauer etwa 1 ms betragen.

Damit beim Inbetriebnehmen und damit dem Einschalten des Stromrichters ein Stromfluß möglich wird, müssen zwei Thyristoren gleichzeitig gezündet werden. Dies ist möglich, wenn man Doppelimpulse im Abstand von 60° mit der Mindestimpulsdauer von etwa 1 ms verwendet. Die zweite Möglichkeit besteht in der Überlappung, bei der nur ein Impuls mit einer Impulsdauer größer als 60° verwendet wird. Bei der hier vorliegenden Ausführung werden Impulse mit einer Impulsdauer von 70° (etwa 4 ms) verwendet.

Bild 4.2 zeigt den Schaltplan der Drehstrom-Brückenschaltung mit den sechs Thyristoren, die symmetrisch an den drei Phasen RST angeschlossen sind. Neben dem Schaltplan ist der Spannungsstern der sechs jeweils um 60° aufeinanderfolgenden Spannungen aufgezeichnet. In dieser Reihenfolge müssen die Thyristoren nacheinander gezündet werden. Die Ziffern 1 bis 6 am Spannungsstern und an den Thyristoren zeigen diese Reihenfolge.

Darunter sind die drei Sternspannungen der beiden dreipulsigen Sternschaltungen aufgezeichnet, die – in Reihe geschaltet – die resultierende Spannung $U_{di}$ ergeben.

# Steuerung und Steuersatz

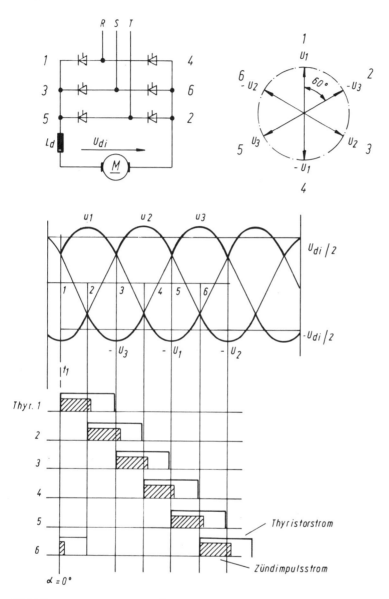

Bild 4.2
Drehstrom-Brückenschaltung und Spannungsstern.
Spannungsverlauf bei $\alpha = 0°$, Thyristorströme und Zündimpulse

Nehmen wir an, zum Zeitpunkt $t_1$ wird der Stromrichter eingeschaltet. Dann erhält der Thyristor 1 und ebenfalls der Thyristor 6 einen Zündimpuls, so daß ein Strom von Phase R über den Thyristor 1, die Last und zurück über den Thyristor 6 zur Phase S fließen kann;

60° später kommutiert der Thyristor 1 auf den Thyristor 2, der Strom fließt weiter von Phase R über den Thyristor 1 und die Last jetzt über Thyristor 2 nach Phase T in das Netz zurück usw. Jeder der sechs Thyristoren hat also eine Stromführungsdauer von 120°. Die jedem Thyristor zugehörige Stromführungsdauer ist, zusammen mit der Impulsdauer der Zündimpulse, ebenfalls in Bild 4.2 bei einem Zündwinkel $\alpha = 0°$ eingezeichnet.

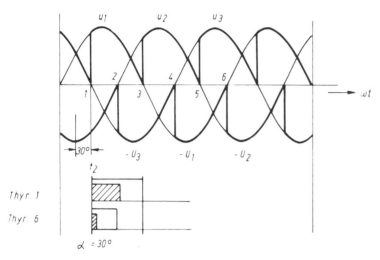

Bild 4.3   Spannungsverlauf bei $\alpha = 30°$

Zum Vergleich zeigt Bild 4.3 bei einem Zündwinkel $\alpha = 30°$ die sechs Spannungen und zugeordnet Stromführungsdauer und Zündimpulsdauer der Thyristoren 1 und 6.

Der Anschluß des Stromrichters an das Drehstromnetz bestimmt die Phasenfolge der Spannungen an den Thyristoren. In der gleichen Reihenfolge müssen die sechs einpulsigen Steuereinheiten die Impulse an die sechs Thyristoren im Abstand von jeweils 60° und im erforderlichen Steuerbereich liefern. Diese zeitliche Zuordnung der Steuersatzimpulse zum Stromrichter nennt man *Synchronisierung*. Wir legen hierzu die auf kleine Spannung umgewandelten Sternspannungen an die Eingänge der Steuereinheiten und geben mit dem Nulldurchgang der Wechselspannung die Steuereinheit für Impulse frei: Dieses Synchronisierverfahren wird daher mit *Nulldurchgang-Synchronisierung* bezeichnet.

Der Bereich, in dem Impuls gegeben werden soll, entspricht dem Steuerbereich von 180°. Da die Synchronisierung bei Nulldurchgang der Wechselspannung und damit 30° vor $\alpha = 0°$ erfolgt, ergibt sich ein notwendiger Steuerbereich von 210°.

Bei Wechselrichterbetrieb muß die zulässige maximale Aussteuerung (Wechselrichtertrittgrenze) beachtet werden. Damit ist eine Begrenzung auf der Wechselrichter- und damit auch auf der Gleichrichterseite erforderlich. Diese Begrenzung soll durch Potentiometer auf gewünschte optimale Werte einstellbar sein.

*System*

Die konstruktive Anpassung an das Einbau- und Schranksystem erfordert die Ausführung als steckbare Baueinheiten, die für Verwendung im Einbausystem geeignet sind. Die elektrische Anpassung erfordert Ausführung der Schaltung so, daß eine Speisung mit Gleichspannungen von ±24 V möglich ist.

*Regler*

Da bei Gleichstromantrieben fast ausschließlich Stromrichter mit Regelung verwendet werden, ist der Eingang des Steuersatzes für die Systemspannung des Reglers von ±10 V auszulegen. Dabei wird eine Zuordnung zu der Spannungspolarität festgelegt:
−10 V entspricht voller Gleichrichteraussteuerung ($\alpha = 0°$),
+10 V entspricht voller Wechselrichteraussteuerung ($\alpha = 180°$).

*Thyristor*

Der Thyristor bestimmt mit seiner Zündleistung (Zündstrom und Zündspannung) die Auslegung des Endtransistors des Steuersatzes. Da die Zündspannung der Thyristoren nur einige Volt beträgt und die Systemspannung ±24 V beträgt, ist zwischen Ausgang des Steuersatzes und Eingang Steuergitter des Thyristors ein Impulsübertrager zur Anpassung erforderlich. Dieser dient gleichzeitig zur galvanischen Trennung zwischen Leistungsteil (Netzspannung bzw. Gleichspannung) sowie Steuer- und Regelteil.

*Arbeitsweise einer einpulsigen Steuereinheit*

*Funktionsgruppen*

Die Funktion der einpulsigen Steuereinheit kann in einzelne Funktionsgruppen aufgeteilt werden, aus denen die Wirkungsweise der einzelnen Stufen hervorgeht. Diese Darstellung ist in Bild 4.4 in Form eines Blockschaltplans durchgeführt.

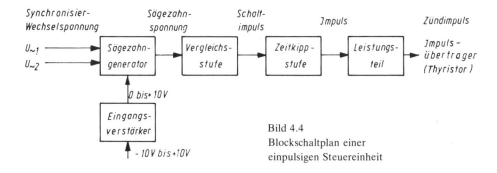

Bild 4.4
Blockschaltplan einer einpulsigen Steuereinheit

*Schaltung und Wirkungsweise*

Bild 4.5 zeigt die Schaltung einer einpulsigen Steuereinheit eines sechspulsigen Steuersatzes und den Funktionsablauf der einzelnen Stufen (Synchronisierspannung, Sägezahnspannung) sowie Verstärkerstrom (Impulsstrom) und Spannung am Impulsübertrager. Auf der linken Seite des Übersichtsschaltplans sind die Schaltzustände der einzelnen Stufen im Ruhezustand („Ruhe") und bei Impulsabgabe („Impuls") angegeben. Im folgenden wird die Wirkungsweise beschrieben.

*Eingangsverstärker*

Der Eingangsverstärker, der auf dem Bild 4.5 aus Gründen der Übersichtlichkeit weggelassen wurde, wandelt die Ausgangsspannung des Reglers von +10 bis −10 V in eine Gleichspannung von 0 bis +10 V um, damit diese als Vergleichsspannung (für den Sägezahn) verwendet werden kann. Diese Gleichspannung (als Steuergleichspannung $U_{St}$ bezeichnet) ist am Emitter des Transistors p1 angeschlossen. Die Reglerspannung −10 V (Ausgang des Eingangsverstärkers 0 V) soll voller Gleichrichteraussteuerung, die Spannung +10 V (Ausgang des Eingangsverstärkers +10 V) voller Wechselrichteraussteuerung entsprechen.

Am Eingangsverstärker können auch die Begrenzungen für die Gleichrichteraussteuerung ($\alpha_G$) und die Wechselrichteraussteuerung ($\alpha_W$) über Potentiometer eingestellt werden.

Steuerung und Steuersatz

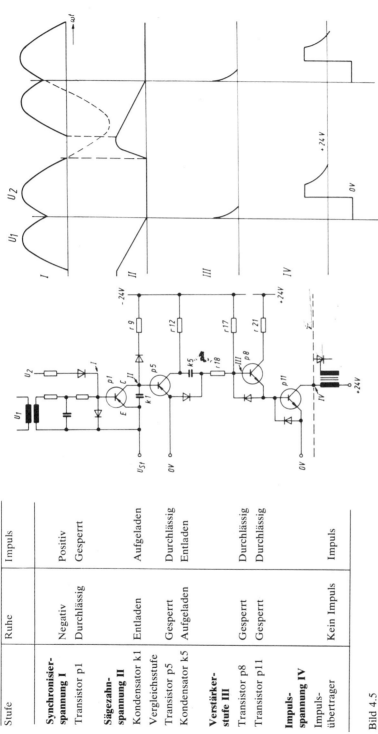

| Stufe | Ruhe | Impuls |
|---|---|---|
| **Synchronisier-spannung I** Transistor p1 | Negativ Durchlässig | Positiv Gesperrt |
| **Sägezahn-spannung II** Kondensator k1 Vergleichsstufe Transistor p5 Kondensator k5 | Entladen Gesperrt Aufgeladen | Aufgeladen Durchlässig Entladen |
| **Verstärker-stufe III** Transistor p8 Transistor p11 | Gesperrt Gesperrt | Durchlässig Durchlässig |
| **Impuls-spannung IV** Impuls-übertrager | Kein Impuls | Impuls |

Bild 4.5

## Synchronisierstufe

Damit die Impulsbildung in dem für jeden Thyristor erforderlichen Zeitbereich bei positiver, am Thyristor anliegender Spannung erfolgen kann, muß jede Steuereinheit mit der am Thyristor anliegenden Spannung synchronisiert werden. Hierzu werden die entsprechenden Netzspannungen verwendet, die über einen Transformator auf die für den Transistor p1 geeignete Spannung heruntertransformiert werden. Diese Synchronisierspannung wird an die Basis des Transistors p1 gelegt; der Emitteranschluß des Transistors p1 ist – außer mit der Steuerspannung $U_{St}$ – daher auch noch mit dem Mittelpunkt des Anpassungstransformators zu verbinden. Um einen ausreichenden Steuerbereich zu erhalten, werden zwei um 120° folgende Synchronisierspannungen an p1 gelegt.

Die für die Synchronisierung verwendete Netzwechselspannung kann unerwünschte Spannungsspitzen enthalten, durch die ein Nulldurchgang der Synchronisierspannung vor oder nach dem eigentlichen Nulldurchgang vorgetäuscht wird. Dies kann Fehlimpulse am Stromrichter bewirken. Um dies zu vermeiden, wird die Synchronisierspannung mit einem RC-Glättungsglied, mit einer Zeitkonstante von etwa 3 ms, geglättet. Daher verwendet man jeweils um 60° voreilende Wechselspannungen für die Synchronisierung.

Bei Nulldurchgang der ansteigenden Synchronisier-Wechselspannung wird der Transistor p1, der während der negativen Halbwelle durchlässig war, gesperrt. Damit wird der – entladene – Kondensator k1, ausgehend von der anliegenden Steuerspannung $U_{St}$ (zwischen 0 und +10 V) gegen −24 V, mit der Zeitkonstante $T(= k1 \cdot r9)$ aufgeladen.

## Vergleichsstufe

In der Vergleichsstufe wird die an der Basis des Transistors p5 anliegende – gegen −24 V ansteigende – Sägezahnspannung mit der am Emitter von p5 anliegenden festen Spannung von 0 V verglichen (Spannungsvergleich). Sobald an der Basis des Transistors p5 (bei Vernachlässigung des Spannungsabfalls im Transistor) 0 V anliegen, wird dieser durchlässig und gibt das Signal für den Impulsbeginn.

## Zeitkippstufe und Leistungsstufe

Die Zeitkippstufe, bestehend aus einem RC-Glied ($T = k5 \cdot r18$), bestimmt die Dauer des Impulses. Die Funktion der Zeitkippstufe zeigt Bild 3.7. Während der Sperrzeit von p5 wird k5 auf −24 V (gegen 0 V) aufgeladen. An den Transistoren p8 und p11 liegen 0 V, diese sind damit gesperrt. Sobald p5 durchlässig wird, tritt am Kondensator k5 eine Potentialverschiebung auf der einen Seite von −24 auf 0 V, auf der anderen Seite von 0 auf +24 V auf.

Damit ergibt sich über den Spannungsteiler r18–r17 an der Basis des Transistors p8 eine positive Spannung; die Transistoren p8 und p11 werden durchlässig, am Ausgang wird Impuls über den Impulsübertrager auf das Steuergitter des Thyristors gegeben.

Steuerung und Steuersatz

Sobald die Potentialverschiebung am Kondensator aufgetreten ist, beginnt dieser sich über den Widerstand r18 und die beiden durchlässigen Transistoren p5 und p8 mit der Zeitkonstante $T = k5 \cdot r18$ (3,9 · 0,47 = 1,82 ms) zu entladen. Wenn etwa 0,7 V am Transistor p8 anliegen, sperrt dieser wieder und damit auch der Transistor p11, und der Impuls ist beendet.

Ein zweistufiger Transistorverstärker ist als Leistungsverstärker erforderlich, damit bei einem Eingangsstrom von etwa 1 mA am Ausgang ein Impulsstrom von etwa 0,7 A abgegeben werden kann.

*Zündfolge und Stromübergang*

In Bild 4.6 sind in sechs Folgen die Schaltzustände der jeweils gezündeten Thyristoren der Drehstrom-Brückenschaltung und die Augenblickswerte der am Motor anliegenden Spannung $u_d$ eingetragen, bei einem Zündwinkel $\alpha = 0°$. Die gestrichelt bzw. durchgezogen gezeichneten Pfeillinien geben jeweils den Stromübergang von einem Thyristor zum nächsten bei $\alpha = 0°$ an.

# L4.11 Steuerung und Steuersatz

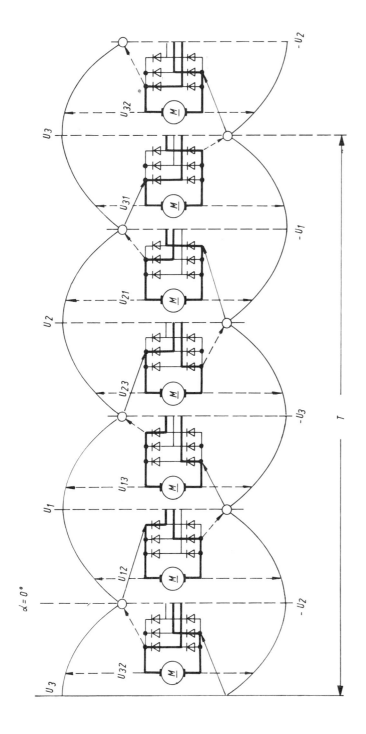

Bild 4.6 Zündfolge und Stromübergang

# Steuerung und Steuersatz — A4

**1.**

Welche Aufgabe hat der Steuersatz bei einem Stromrichter?

**2.**

Welche Bedingung muß bei der Drehstrom-Brückenschaltung hinsichtlich der Dauer der Impulse erfüllt werden?

**3.**

In welcher Reihenfolge müssen die sechs Thyristoren bei der Drehstrom-Brückenschaltung nacheinander gezündet werden? Tragen Sie die Zündfolge in die Schaltung und den Spannungsstern ein.

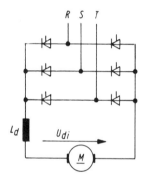
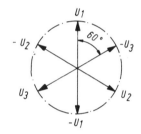

**4.**

Was ist unter Synchronisierung zu verstehen?

**5.**

Was ist bei getrenntem Anschluß von Leistungsteil und Steuersatz an das Drehstromnetz zu beachten?

**6.**

An welche Größen muß der Steuersatzeingang angepaßt werden?

**7.**

Welche Bedingungen muß der Ausgang des Steuersatzes erfüllen?

**8.**

Warum kann der Steuersatz so ausgeführt werden, daß die Transistoren im Schaltbetrieb arbeiten?

# E4 — Steuerung und Steuersatz

**1.**

Die Zündimpulse für die Thyristoren zu liefern.

**2.**

Damit beim Einschalten ein Strom zum Fließen kommt, müssen zwei Thyristoren gleichzeitig Zündimpuls erhalten, d.h. entweder Impulse größer 60° oder Doppelimpulse im Abstand von 60°.

**3.**

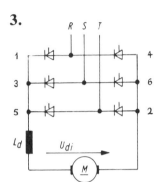 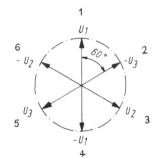

Schaltung mit Impulsfolge

**4.**

Die richtige Zuordnung der Folge der Zündimpulse zu der an den Thyristoren anliegenden Wechselspannung.

**5.**

Die Phasenfolge muß übereinstimmen, da der Steuersatz über den Synchronisiertransformator die Synchronisierspannungen erhält.

**6.**

An die Ausgangswerte (Spannung und Strom) des vorgeschalteten Reglers von üblicherweise ±10 V.

**7.**

Anpassung an Zündleistung des Thyristors. Galvanische Trennung zwischen Steuer- und Regelteil durch Verwenden eines Impulsübertragers.

**8.**

Weil der Impuls zu einer bestimmten Zeit eingeschaltet und nach einer bestimmten Zeit wieder abgeschaltet werden muß.

# Kapitel 3  Regelung

L 5  **Transistorverstärker und Regler**

L 6  **Meßgeber**

L 7  **Optimierung des Reglers**

# L5.1     Transistorverstärker und Regler

*Der Transistorverstärker*

*Ausführung*

Im Bereich der Industrieelektronik hat der Gleichspannungsverstärker mit Siliziumtransistoren als Verstärker in Regelkreisen ein sehr großes Anwendungsgebiet gefunden[1]. Er kann aus einzelnen Bauelementen, wie Transistoren, Widerständen, Kondensatoren, aufgebaut oder als Funktionseinheit in integrierter Technik ausgeführt sein.

Folgende Forderungen werden an Aufbau und Ausführung eines als Regelverstärker arbeitenden Gleichspannungsverstärkers gestellt:

hohe Strom- und Spannungsverstärkung (Leistungsverstärkung), d.h. mehrstufiger, meistens dreistufiger Aufbau,

kleiner Temperaturgang, d.h. Siliziumtransistoren, Gegentakt-Eingangsschaltung,

Einstellmöglichkeit der positiven und negativen Ausgangsspannung (Begrenzung).

*Statisches Verhalten*

Das statische Verhalten eines Regelverstärkers ist im wesentlichen charakterisiert durch die Kennlinie $U_a = f(U_e)$, d.h. das Verhalten der Ausgangsspannung $U_a$ in Abhängigkeit von der Eingangsspannung $U_e$, durch den Eingangsstrom $I_{e0}$ bzw. die Eingangsspannung $U_{e0}$ für Ausgangsspannung Null und durch die Eingangsstromänderung für die Durchsteuerung der Kennlinie.

Da auch Siliziumtransistoren einen Temperaturgang haben – allerdings einen bedeutend kleineren als Germaniumtransistoren –, ist bei allen Daten die Angabe der Bezugstemperatur erforderlich.

Die charakteristischen Größen eines Gleichstromverstärkers sind wie folgt definiert:

*Eingangsnullstrom* $i_{e0}$ (bias current) ist der am Eingang des Verstärkers erforderliche Strom, damit die Ausgangsspannung $U_a = 0$ V ist.

*Eingangsnullspannung* $u_{e0}$ (offset voltage) ist die am Eingang erforderliche Differenzspannung, damit die Ausgangsspannung $U_a = 0$ V ist

Eingangsnullstrom $I_{e0}$ und Eingangsnullspannung $U_{e0}$ ändern sich bei Änderung der Speisespannung (Spannungsdrift) und der Temperatur (Temperaturdrift).

---

[1] Ausführlich im Lehrprogramm „Elektronische Regler im TRANSIDYN-System" (L61/6102)

Transistorverstärker und Regler  L5.2

*Die Eingangsstromänderung bzw. Eingangsspannungsänderung* gibt an, wieviel Strom bzw. Spannung für das Durchsteuern der Kennlinie ($U_a = +10$ bis $-10$ V) erforderlich ist. Bei Temperaturänderungen tritt eine Verschiebung der Lage und eine Änderung der Steilheit der Kennlinie $U_a = f(I_e)$ auf. Bild 5.1 zeigt als Beispiel Kennlinien eines Regelverstärkers.

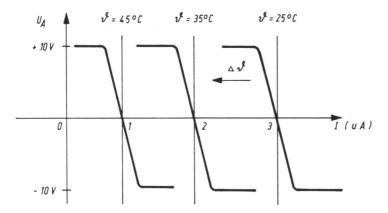

Bild 5.1  Kennlinien eines Regelverstärkers

Aus den Kennlinien ergibt sich z. B. für einen Temperaturbereich von $\pm 10\,°C$, daß die bei Temperaturänderung erforderliche Eingangsstromänderung den für die Aussteuerung erforderlichen Strom um ein Mehrfaches übersteigt. Der Temperaturbereich ist damit zusammen mit dem Vergleichsstrom maßgebend für die erreichbare statische Genauigkeit.

*Schaltung*

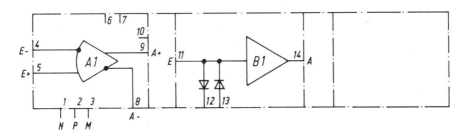

Bild 5.2
Schaltung der Ausgangsspannungs-Begrenzung

67

Das Bild 5.2 zeigt als Beispiel den Blockschaltplan eines Regelverstärkers, bestehend aus

1. einem zweistufigen Gleichspannungs-Differenzverstärker A1,
2. zwei Begrenzungseingängen (12/13),
3. einem Gleichstromverstärker B1.

Der Eingangsverstärker kann mit normalen Transistoren oder auch als integrierter Verstärker aufgebaut sein. Bei integrierten Verstärkern arbeitet man mit stabilisierten Gleichspannungen z. B. ±15 V ±1%.

Der Leistungsverstärker in Gegentaktschaltung mit Ausgangsströmen von 5 oder 10 mA kann wegen der großen Ausgangsleistung und der damit erforderlichen Wärmeabfuhr nicht als integrierter Verstärker ausgeführt werden. Für die Begrenzung der positiven und negativen Ausgangsspannung dienen die positiven und negativen Begrenzungseingänge 12 und 13, die über Dioden auf die Basis der Transistoren der Endstufe wirken.

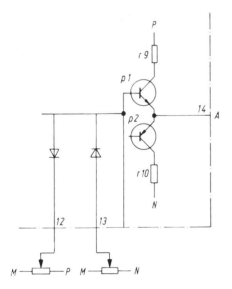

Bild 5.3
Schaltung der Ausgangsspannungs-Begrenzung

Das Bild 5.3 zeigt die Schaltung der Spannungsbegrenzung. Man verwendet Potentiometer, an denen die gewünschte Begrenzungsspannung eingestellt wird. An 12 wird die Ausgangsspannung positiver, an 13 die der negativen Richtung begrenzt. Sobald die betreffende positive bzw. negative Ausgangsspannung größer wird als die am zugehörigen Potentiometer eingestellte Spannung, wird die zugehörige Diode durchlässig und begrenzt die Ausgangsspannung.

Die Schwellwertspannungen der Dioden werden in der Gegentaktschaltung des Verstärkers durch die Schwellwertspannungen der Transistoren nahezu aufgehoben. Aus den unterschiedlichen Schwellwerten der Dioden und Transistoren ergibt sich nur ein kleiner Kopierfehler von etwa 100 mV.

Transistorverstärker und Regler

Diese Art der Begrenzung wird bei der Ausgangsspannung des Drehzahlreglers angewandt. Die Ausgangsspannung des Drehzahlreglers ist die Führungsgröße für den Stromregler. Durch Einstellen der Begrenzung läßt sich der maximale Betriebsstrom des Antriebs einstellen, der im Grenzfall dem maximal zulässigen Strom (Grenzstrom) des Stromrichters entspricht.

*Der Transistorverstärker als Regler*

Aus dem Gleichspannungsverstärker wird durch Eingangs- und Rückführbeschaltungen ein Regler. Der Regler hat zwei Aufgaben:

1. Die Regelgröße an den eingestellten Wert der Führungsgröße[1] anzupassen. Hierzu erfolgt am Eingang des Reglers ein Vergleich zwischen dem Betrag („Wert") von Führungsgröße und Regelgröße. Die Regelgrößen können z.B. Drehzahl, Spannung oder Strom sein und werden als „Istwerte" $n_{ist}$, $U_{ist}$, $I_{ist}$ angegeben. Bei der Führungsgröße (dem „Sollwert") wird entsprechend $n_{soll}$, $U_{soll}$, $I_{soll}$ geschrieben. Die Differenz zwischen $U_{soll}$ und $U_{ist}$ ergibt die Regeldifferenz.

2. Bei dynamischen Vorgängen ein optimales Übergangsverhalten zu erreichen. Hierzu erhält der Regler zwischen Ausgang und Eingang eine Rückführung.

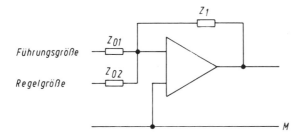

Bild 5.4a
Regler mit Rückführung und Stromvergleich zwischen den Werten von Führungsgröße und Regelgröße

Das Bild 5.4a zeigt die schematische Darstellung eines Regelverstärkers mit den Eingängen für Regelgröße und Führungsgröße und der Rückführung über $Z_1$. Mit $Z_{01}$, $Z_{02}$ und $Z_1$ werden Netzwerke mit wählbaren Eigenschaften, wie Glättungsglieder, RC-Rückführung u.a., bezeichnet. Der Bezugspunkt für Eingangs- und Ausgangsspannung des Reglers ist der Anschluß M (0 V).

---

[1] Nach DIN 19 226 wird die zu regelnde Größe als „Regelgröße" und die Größe auf die sich die Regelgröße einstellen soll, als „Führungsgröße" bezeichnet.

Die Führungsgröße wird dem Regler in Form einer einstellbaren Gleichspannung zugeführt, zum Einstellen dienen beim Eingangsregler im allgemeinen Potentiometer, die von Hand eingestellt oder über Motorantrieb und Fernbetätigung verstellt werden können. Die Regelgröße kommt – ebenfalls in Form einer Gleichspannung – von einem Meßgeber. Unterlagerte Regler erhalten ihre Führungsgröße von der Ausgangsspannung des vorgeschalteten Reglers.

Der Vergleich zwischen Führungsgröße und Regelgröße am Eingang des Reglers erfolgt als Stromvergleich. Der Stromvergleich hat den Vorteil, daß die abzubildenden Spannungen einseitig auf Bezugspotential M (0 V) gelegt werden können und daß ein Vergleich von beliebig vielen Eingangsgrößen erfolgen kann.

Die Anpassung an die Höhe der Gleichspannung und den gewünschten Vergleichsstrom erfolgt über Vorwiderstände oder Spannungsteiler-Schaltungen.

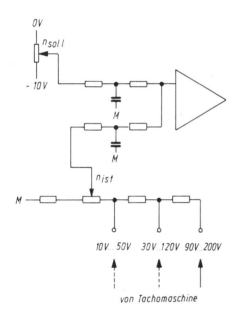

Bild 5.4b  Eingangsschaltung Drehzahlregler

In Bild 5.4b ist als Beispiel die Schaltungsausführung eines Drehzahlreglers gezeigt. Die Führungsgröße, der Drehzahlsollwert $n_{soll}$, ist am oberen Potentiometer zwischen 0 und $-10$ V einstellbar, dabei ist der Spannung 0 die Drehzahl Null und der Spannung $-10$ V die Nenndrehzahl zugeordnet. Die Regelgröße, der Drehzahlistwert $n_{ist}$, wird in Form einer Gleichspannung von einer Tachomaschine geliefert. Je nach Drehzahl und Tachomaschinenausführung kann die Spannung bei Nenndrehzahl in einem großen Bereich schwanken. Man verwendet daher vor dem eigentlichen Eingangswiderstand einen Spannungsteiler und zur Feineinstellung des Drehzahlistwertes $n_{ist}$ ein Einstellpotentiometer.

*Beispiel*

Die statische Genauigkeit eines Regelverstärkers soll bestimmt werden.

Gegeben: Eingangswiderstand bei 10 V: 20 kΩ,
Temperaturgang der Verstärkerkennlinie
bei $\Delta\vartheta \pm 10\,°C: \pm 1\,\mu A$

Gesucht: Statische Genauigkeit des Verstärkers

Es ist zuerst der Vergleichsstrom zu berechnen.

Er ergibt sich bei 10 V zu $I_v = \dfrac{10\,V}{20\,k\Omega} = 0{,}5\,mA$.

Bezogen auf 0,5 mA (= 500 µA), ergibt die maximale Stromänderung infolge des Temperaturgangs von ±1 µA eine Abweichung von ±0,2%. Dieser Wert ist die statische Genauigkeit des Reglers. Zusammen mit der Genauigkeit des Sollwertgebers und der Tachomaschine ergibt sich damit die erreichbare statische Genauigkeit für die Drehzahl.

*Die Rückführbeschaltung und das dynamische Verhalten*

Die Voraussetzung für die Wirkung einer Rückführbeschaltung vom Ausgang auf den Eingang eines Regelverstärkers ist eine Umkehr der Spannungspolarität am Ausgang gegenüber dem Eingang. Diese Umkehr der Spannung ist ein Kennzeichen aller Regelverstärker.

Die als Regelverstärker verwendeten Transistorverstärker haben eine sehr hohe Spannungsverstärkung, benötigen einen vernachlässigbar kleinen Eingangsstrom und arbeiten praktisch trägheitslos. Unter diesen Voraussetzungen ist es möglich, das zeitliche Verhalten des Verstärkers allein durch die Rückführbeschaltung festzulegen.

Das zeitliche Verhalten des Verstärkers wird durch die Übergangsfunktion beschrieben. Diese gibt an, wie sich die Ausgangsspannung bei einer sprunghaften Änderung einer Eingangsgröße verhält. Die Prüfung des Reglerverhaltens erfolgt meistens durch einen Sprung der Führungsgröße.

*Der proportional wirkende Regler (P-Regler)* enthält als Rückführwiderstand einen reinen Wirkwiderstand $R_1$

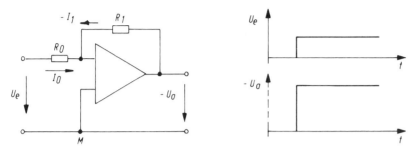

Bild 5.5  P-Regler, Übersichtsschaltplan und Übergangsverhalten

Die Ausgangsspannung folgt trägheitslos dem Spannungssprung am Eingang. Für die Reglerverstärkung $V_R$ ergibt sich

$$V_R = \frac{U_a}{U_e} = \frac{R_1}{R_0}.$$

d.h., die Verstärkung des Reglers ist dem Verhältnis Rückführwiderstand zu Eingangswiderstand (Widerstand im Regelgrößenkanal) direkt proportional. Eine Reglerverstärkung von z.B. $V_R = 2$ bedeutet also: Der Rückführwiderstand ist doppelt so groß wie der Eingangswiderstand. Damit nun die Bedingung des Stromgleichgewichts ($I_0 = -I_1$) erfüllt ist, muß sich die Ausgangsspannung auf den doppelten Wert der Eingangsspannung $U_e$ einstellen. Dieses Verhältnis ist in Bild 5.5 zugrunde gelegt.

Bei einem Regelverstärker sind im allgemeinen die Eingangswiderstände durch die Festlegung des Vergleichsstroms bestimmt. Dann muß der Rückführwiderstand an die erforderliche Reglerverstärkung, die sich aus den Optimierungsvorschriften (L7) ergibt, angepaßt werden. Eine einfache Möglichkeit der Anpassung ergibt sich durch Verwendung eines Rückführpotentiometers, an dem ein Teil der Ausgangsspannung abgegriffen werden kann.

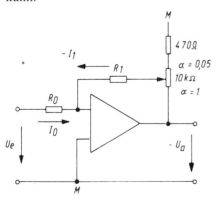

Bild 5.6  P-Regler mit Rückführpotentiometer

Transistorverstärker und Regler    L5.8

Bild 5.6 zeigt einen P-Regler mit Rückführpotentiometer. Es wird der Spannungsteilerfaktor $\alpha$ eingeführt, der den bezogenen Spannungsanteil der Ausgangsspannung angibt. Spannungsteilerfaktor $\alpha = 1$ bedeutet volle Spannung, $\alpha = 0,1$ : 10% der Spannung wird abgegriffen.

Für die Verstärkung $V_R$ gilt dann

$$R = \frac{R_1}{R_0} \frac{1}{\alpha}.$$

Beispiele

1. $R_0 = 10\ \text{k}\Omega;\ R_1 = 20\ \text{k}\Omega;\ \alpha = 1$
   $U_e = 1\ \text{V}$
   $$V_R = \frac{R_1}{R_0} = \frac{20}{10} = 2$$
   $U_a = U_e V_R = 1\ \text{V} \cdot 2 = 2\ \text{V}$

2. $R_0 = 10\ \text{k}\Omega;\ R_1 = 20\ \text{k}\Omega;\ \alpha = 0,4$
   $$V_R = \frac{R_1}{R_0} \cdot \frac{1}{\alpha} = \frac{20}{10} \cdot \frac{1}{0,4} = 5$$
   $U_a = U_e V_R = 1 \cdot 5 = 5\ \text{V}$

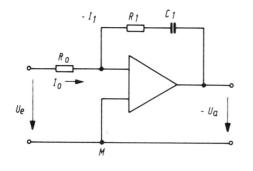 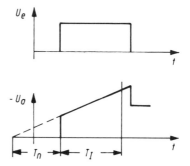

Bild 5.7 PI-Regler, Schaltung und Übergangsverhalten

Der *proportional-integral wirkende Regler (PI-Regler,* Bild 5.7) kann als Kombination eines P-Reglers mit einem I-Regler angesehen werden. Folgende Reglerkenngrößen und ihre Definitionen gelten für den PI-Regler:

die Proportionalverstärkung $V_R = \dfrac{R_1}{R_0}$,

die Nachstellzeit $\quad T_n = R_1 C_1$,

die Integrierzeit $\quad T_I = R_0 C_1$.

Die *Proportionalverstärkung* $V_R$ eines PI-Reglers gibt für einen Eingangsspannungssprung an, um den wievielfachen Wert des Eingangsspannungssprungs die Ausgangsspannung im ersten Augenblick springt.

Die *Nachstellzeit* $T_n$ eines PI-Reglers gibt für einen Eingangsspannungssprung an, nach welcher Zeit sich die Ausgangsspannung im Anschluß an den proportionalen Anfangssprung um den Wert des Ausgangsspannungsprungs geändert hat.

Die *Integrierzeit* $T_I$ gibt für einen Eingangsspannungsprung an, nach welcher Zeit sich die Ausgangsspannung im Anschluß an den proportionalen Anfangssprung um den Wert des Eingangsspannungssprungs geändert hat. Die Integrierzeit kann daher auch als auf $V_R = 1$ bezogene Nachstellzeit bezeichnet werden, und wir können auch schreiben $T_I = T_n/V_R$.

In Bild 5.7 macht die Ausgangsspannung zunächst einen Sprung, der $V_R U_e$ entspricht (im Bild für $V_R = 1$), und läuft dann zeitlinear von der Sprungspannung $V_R U_e$ ausgehend mit der Integrierzeit $T_I = R_0 C_1$ hoch. Wird die Eingangsspannung $U_e$ wieder zu Null gemacht (Sprung in umgekehrter Richtung), dann macht auch die Ausgangsspannung den Sprung $V_R U_e$ nach unten. Die Ausgangsspannung $U_a$ bleibt dann auf der Spannung stehen, die der Regler aufintegriert hat.

*Beispiele*

An drei Beispielen soll die Wirkungsweise des PI-Reglers erklärt werden.

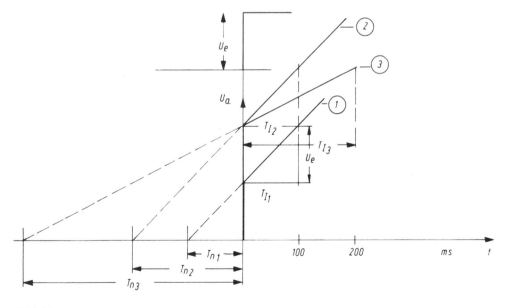

Bild 5.8

1. $R_0 = 10\ \text{k}\Omega$; $R_1 = 10\ \text{k}\Omega$; $C_1 = 10\ \mu\text{F}$

$$V_R = \frac{10\ \text{k}\Omega}{10\ \text{k}\Omega} = 1;\ T_n = 10\ \text{k}\Omega \cdot 10\ \mu\text{F} = 100\ \text{ms}$$

$$T_1 = 10\ \text{k}\Omega \cdot 10\ \mu\text{F} = 100\ \text{ms}$$

2. $R_0 = 10\ \text{k}\Omega$; $R_1 = 20\ \text{k}\Omega$; $C_1 = 10\ \mu\text{F}$

$$V_R = \frac{20\ \text{k}\Omega}{10\ \text{k}\Omega} = 2;\ T_n = 20\ \text{k}\Omega \cdot 10\ \mu\text{F} = 200\ \text{ms}$$

$$T_1 = 10\ \text{k}\Omega \cdot 10\ \mu\text{F} = 100\ \text{ms}$$

3. $R_0 = 10\ \text{k}\Omega$; $R_1 = 20\ \text{k}\Omega$; $C_1 = 20\ \mu\text{F}$

$$V_R = \frac{20\ \text{k}\Omega}{10\ \text{k}\Omega} = 2;\ T_n = 20\ \text{k}\Omega \cdot 20\ \mu\text{F} = 400\ \text{ms}$$

$$T_1 = 10\ \text{k}\Omega \cdot 20\ \mu\text{F} = 200\ \text{ms}$$

Das Verhalten des PI-Reglers läßt sich auch rein physikalisch erklären. Der Spannungssprung im ersten Augenblick ergibt sich daraus, daß der Kondensator wie ein kurzgeschlossenes Bauelement wirkt, so daß für den Spannungsprung allein $V_R$ maßgebend ist. Der Anstieg der Ausgangsspannung wird dann durch die Größe der Kapazität und den Ladestrom bestimmt. Bei gleichem Ladestrom und gleicher Kapazität muß daher der Anstieg ($Q = C U$) der gleiche sein. Bei Beispiel 2 ist gegenüber Beispiel 1 der Spannungssprung doppelt so groß ($V_R = 2$), bei doppeltem Widerstand fließt aber dabei der gleiche Ladestrom. Vergleichen wir Beispiel 3 mit Beispiel 2, so sind Verstärkung und damit auch Ladestrom gleichgeblieben; doppelte Kapazität erfordert jetzt die doppelte Zeit für die Aufladung auf eine bestimmte Spannung.

Auch beim PI-Regler läßt sich ein Rückführpotentiometer zur stufenlosen Einstellung der Verstärkung verwenden.

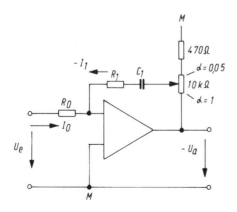

Bild 5.9 PI-Regler mit Rückführpotentiometer

Bild 5.9 zeigt den PI-Regler mit Rückführpotentiometer. Bei den eingebauten Bauelementen kann am Potentiometer die Verstärkung $V_R$ im Verhältnis 1 : 20 ($\alpha = 1$ bis $\alpha = 0{,}05$) verändert werden. Für $V_R$ gilt damit genau wie beim P-Regler

$$V_R = \frac{R_1}{R_0} \cdot \frac{1}{\alpha} \; .$$

Andere mögliche Reglerarten, wie PD und PID-Regler, sollen hier nicht behandelt werden, da sie bei den normalen Stromrichterantrieben selten verwendet werden.

# Transistorverstärker und Regler — A5

**1.**

Warum wird ein als Regelverstärker arbeitender Transistorverstärker mehrstufig ausgeführt?

**2.**

Auf welche Weise wird ein Regelverstärker zum Regler?

**3.**

Welche Rückführbeschaltung hat ein PI-Regler?

**4.**

Wie ist die Verstärkung eines PI-Reglers definiert?

**5.**

Wie ist die Nachstellzeit eines PI-Reglers definiert?

**6.**

Wie ist die Integrierzeit eines PI-Reglers definiert?

# E5 — Transistorverstärker und Regler

**1.**

Um eine hohe Strom- und Leistungsverstärkung zu erreichen.

**2.**

Durch Beschaltungen in den Eingangskreisen und zwischen Ausgang und Eingang.

**3.**

Eine RC-Beschaltung.

**4.**

Die Verstärkung $V_R = \dfrac{U_a}{U_e} = \dfrac{R_1}{R_0}$

**5.**

Nachstellzeit $T_n = R_1 \cdot C_1$

**6.**

Die Integrierzeit ist die auf Verstärkung 1 bezogene Nachstellzeit oder

$$T_I = \frac{R_1}{V_R} C_1 = R_0 C_1 .$$

# Meßgeber

## L6.1

*Allgemeines*

Die Regelung eines Antriebs erfordert am Eingang des Reglers die Führungsgröße (Sollwert) und die Regelgröße (Istwert). Die *Führungsgröße* (Sollwert) wird z.B. beim Drehzahlregler von einem von Hand einstellbaren Potentiometer, von einem Motor-Potentiometer oder von einem elektronischen Hochlaufgeber als Gleichspannung zur Verfügung gestellt. Die *Regelgröße* (Istwert), die mit einem Meßgeber erfaßt wird, muß auf eine für den Reglereingang geeignete Gleichspannung umgeformt werden; der Meßgeber wird daher auch häufig als Meßwertumformer bezeichnet. Die Wahl des Meßgebers richtet sich nach den Forderungen, die an den Antrieb gestellt werden.

Bei den üblichen Netzspannungen von 380 V/500 V oder höher ist es zweckmäßig, den Steuer- und Regelkreis vom Leistungskreis galvanisch zu trennen. Die bei Antrieben verwendeten Meßgeber sind daher im allgemeinen potentialtrennend ausgeführt. Die statischen und dynamischen Anforderungen an den Antrieb ergeben die Forderungen in bezug auf Eigenzeitkonstante, Oberschwingungsgehalt, Störsicherheit und Genauigkeit des Meßgebers.

Für einen drehzahlgeregelten Antrieb werden vorzugsweise Drehzahlgeber und – für den unterlagerten Stromregelkreis – Gleichstrommeßgeber benötigt. Im folgenden soll daher vorwiegend auf diese zwei Arten von Meßgebern eingegangen werden.

*Drehzahlgeber*

Für die Drehzahlerfassung können – mit dem Gleichstrommotor gekuppelte – Drehstrom- oder Gleichstromtachomaschinen verwendet werden. Die Tachomaschinen liefern eine der Drehzahl proportionale Wechselspannung oder Gleichspannung.

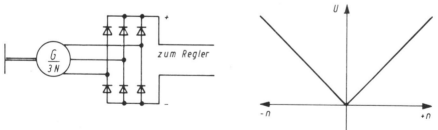

Bild 6.1
Drehstromtachomaschine mit Permanenterregung und Gleichrichtung, Schaltung und Kennlinie

*Die Drehstromtachomaschine* (Bild 6.1) ist als permanenterregter Synchrongenerator im allgemeinen vier- oder achtpolig ausgeführt. Der Läufer enthält die permanenterregten Pole, im Ständer befindet sich die Dreiphasenwicklung, in der eine der Läuferdrehzahl proportionale Spannung induziert wird. Der entscheidende Vorteil ist daher die kontaktlose Stromabnahme und damit der wartungsfreie Betrieb.

Da am Reglereingang eine Gleichspannung benötigt wird, muß die dreiphasige Wechselspannung über einen Drehstrom-Brückengleichrichter gleichgerichtet werden. Das bedeutet, daß eine Drehrichtungsumkehr des Antriebs nicht erfaßt wird, da die Gleichspannung bei Umkehr der Drehrichtung ihre Polarität nicht ändert. Die Anwendung ist daher nur für Ein-Richtungs- oder Einquadrantantriebe möglich. Die nichtlineare Diodenkennlinie ($U_{Diode} = f(I)$) bewirkt, daß sich bei niedrigen Drehzahlen und damit kleinen Spannungen keine genaue Proportionalität mehr zwischen Drehzahl und abgegebener Gleichspannung ergibt. Damit ergibt sich eine weitere Eingrenzung des Anwendungsbereiches auf Antriebe, die nicht bis zur Drehzahl Null betrieben werden müssen.

Die Gleichrichtung ergibt eine Gleichspannung mit überlagerter Wechselspannung. Die Frequenz der Grundschwingung der Wechselspannung beträgt bei der Gleichrichtung mit sechspulsigem Drehstrom-Brückengleichrichter das sechsfache der Maschinenfrequenz.

Wird z.B. eine achtpolige Drehstromtachomaschine verwendet, dann beträgt deren Maschinenfrequenz bei 750 min$^{-1}$ 50 Hz, die Grundschwingungsfrequenz also 300 Hz. Bei Verstellung auf 10% der Nenndrehzahl (75 min$^{-1}$) beträgt die Maschinenfrequenz nur noch 5 Hz und die Grundschwingungsfrequenz der der Gleichspannung überlagerten Wechselspannung 30 Hz. Da die für den Regler erforderliche Glättungszeitkonstante umgekehrt proportional mit der Frequenz ansteigt, verschlechtert sich mit steigendem Drehzahlstellbereich das Übergangsverhalten des Reglers. Damit ist eine weitere Eingrenzung des Anwendungsbereichs einer einfachen Drehstromtachomaschine gegeben. Um mit kleinen Glättungszeitkonstanten auszukommen, verwendet man in Sonderfällen Mittelfrequenztachomaschinen mit Frequenzen zwischen 200 und 1000 Hz bei Nenndrehzahl.

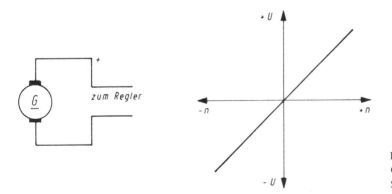

Bild 6.2
Gleichstromtachomaschine.
Schaltung und Kennlinie

*Die Gleichstromtachomaschine* ist im Läufer wie eine normale Gleichstrommaschine mit einem Kommutator ausgeführt, im Ständer befinden sich die Permanentmagnete für die konstante Erregung. Die an den Bürsten abgegriffene Gleichspannung ändert ihre Polarität mit Änderung der Drehrichtung und geht linear durch Null (Bild 6.2). Gleichstromtachomaschinen sind daher für Umkehrantriebe geeignet. Die Welligkeit der Gleichspan-

Meßgeber **L6**.3

nung ist gegeben durch die Anzahl der Kommutatorlamellen, die wiederum von der Höhe der gewählten Gleichspannung abhängt.

Hohe Genauigkeit läßt sich durch temperaturkompensierte Permanentmagnete erreichen. Mit Gleichstromtachomaschinen ist es daher bei entsprechender Ausführung möglich, hohe Genauigkeitsanforderungen an die Drehzahl – auch bei großen Drehzahlstellbereichen – zu erfüllen.

*Gleichstrommeßgeber*

Für das Erfassen des Stromistwerts gibt es verschiedene Meßgeber, die sich in Aufwand und technischen Eigenschaften unterscheiden: Meßgeber, die die Stromrichtung nicht erfassen, und Meßgeber, bei denen die Stromrichtung erfaßt wird.

Der Strom kann grundsätzlich auf der Gleichstrom- oder der Wechselstromseite erfaßt werden; bei Messung auf der Wechselstromseite ist der Umrechnungsfaktor zwischen Leiterstrom $I_L$ und Gleichstrom $I_d$ zu beachten.

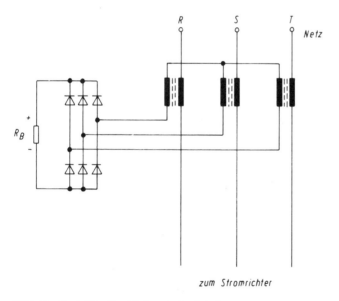

Bild 6.3 Drei-Wandler-Meßmethode. Schaltung

*Der normale Wechselstromwandler,* wie er zum Anschluß von Wechselstrom-Meßgeräten allgemein verwendet wird, ist auch als Meßgeber geeignet. Unterschieden wird die Zwei-Wandler- und die Drei-Wandler-Meßmethode. In beiden Fällen ist bei der Verwendung als Meßgeber eine Gleichrichtung des Wechselstroms und eine Glättung der welligen Gleichspannung erforderlich. Die Welligkeit der Gleichspannung beträgt bei der Zwei-Wandler-Messung 100 Hz, bei der Drei-Wandler-Messung 300 Hz; bei der Drei-Wandler-Messung ergeben sich damit für gleiche Glättungswirkung kleinere erforderliche Glättungszeitkonstanten. Da zum Vermeiden von Überströmen schnelle Stromregelkreise und damit kleine Glättungszeitkonstanten erwünscht sind, wird der Drei-Wandler-Meßmethode im allgemeinen der Vorzug gegeben.

Die Anpassung an die für den Regler erforderlichen 10 V bei Maximalstrom kann durch die Wahl des Bürdenwiderstands erfolgen.

*Der Transduktor-Gleichstromwandler* arbeitet als stromsteuernder Transduktor und hat Stromwandlerverhalten.

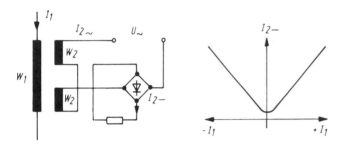

Bild 6.4
Gleichstrommeßgeber mit stromsteuerndem Transduktor. Schaltung und Kennlinie

Der Transduktor-Gleichstromwandler ist aus zwei Ringkerndrosseln mit je einer Wicklung $w_2$ und einer gemeinsamen Wicklung $w_1$ aufgebaut. Die Wicklung $w_1$ ist vom zu messenden Gleichstrom durchflossen. Die Wicklungen $w_2$ der beiden Drosseln sind gegensinnig in Reihe über einen Einphasenbrückengleichrichter und den Bürdenwiderstand $R_B$ an Wechselspannung angeschlossen. Der Transduktor-Gleichstromwandler wird als Durchsteckwandler ausgeführt, so daß durch die Anzahl der Primärwicklungen eine Anpassung möglich ist. Die genaue Anpassung (10 V bei Maximalstrom) erfolgt wie beim Wechselstromwandler durch die Wahl des Bürdenwiderstands.

Da die Drossel einen Magnetisierungsstrom aufnimmt, fließt auch bei Primärstrom $I_1 = 0$ ein Sekundärstrom $I_2$, der den Nullpunktfehler in der Kennlinie ergibt. Unabhängig von der primären Stromrichtung ergibt sich infolge der Gleichrichtung gleiche Polarität des Sekundärstroms und damit der Istwertspannung; die Stromrichtung wird nicht erfaßt.

*Der Shuntwandler*

Der Shuntwandler greift eine dem Gleichstrom proportionale Spannung an einen Shunt von 60 oder 150 mV im Hauptstromkreis ab.

Meßgeber  L6.5

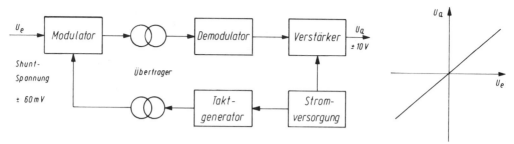

Bild 6.5  Shuntwandler. Schaltung und Kennlinie

Die abgegriffene Gleichspannung wird – zur galvanischen Trennung vom Lastkreis – über einen Zerhacker (Modulator) in eine Wechselspannung mit einer Frequenz von 1000 Hz umgewandelt und an die Primärseite eines Übertragers angeschlossen. Auf der Sekundärseite wird die 1000-Hz-Spannung wieder in eine Gleichspannung umgewandelt (Demodulator) und anschließend über einen Linearverstärker auf eine Gleichspannung von ±10 V verstärkt.

Die Shuntspannung und damit der Strom werden vorzeichenrichtig erfaßt. Deshalb kann dieser Wandler für alle Antriebe mit zwei Stromrichtungen verwendet werden. Er hat weiter den großen Vorzug, daß durch die Größe des Nennstroms zwar die Ausführung des Shunts in seiner Leistung bestimmt und damit unterschiedlich ist, der Shuntwandler dagegen unabhängig vom Strom ist. Der Shuntwandler kann in der gleichen Ausführung auch als Spannungsmeßgeber – z.B. zum Erfassen der Maschinenspannung beim Übergang von Ankerspannungs- auf Feldschwächregelung – verwendet werden. Vorgeschaltet ist am Eingang dann eine Spannungsteilerschaltung.

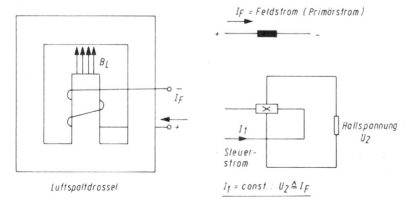

Bild 6.6  Hallwandler. Aufbau und Schaltschema

*Der Hallwandler* arbeitet mit einem im Luftspalt einer Drossel eingebauten und von konstantem Strom durchflossenen Hallgenerator (Bild 6.6). Die Hallspannung ist bei konstantem Steuerstrom der Luftspaltinduktion und damit dem zu messenden Drosselstrom (Primärstrom) direkt proportional. Dieser Wandler wird in geregelten Hochstromanlagen – z.B. Galvanikanlagen – verwendet. Hier kann die Stromschiene direkt als Primärwicklung für den Wandler dienen.

# Meßgeber  A6

**1.**

Welche Aufgabe hat der Meßgeber im Regelkreis?

**2.**

Warum soll die Ausgangsgröße des Meßgebers vom Eingang (z.B. Leistungsteil) galvanisch getrennt sein?

**3.**

Warum ist im allgemeinen eine Glättung der vom Meßgeber abgegebenen Ausgangsgröße (Gleichspannung) erforderlich?

**4.**

Bei welchen Antriebsarten ist das Erfassen der Drehzahl mit einer Drehstromtachomaschine nicht möglich?

# E6 — Meßgeber

**1.**

Er mißt die zu regelnde Größe (z. B. Spannung, Strom, Drehzahl) und formt sie auf eine für den Eingang des Reglers geeignete Spannung um.

**2.**

Damit Steuer- und Regelteil im Störungsfall (z. B. bei Erdschluß) nicht das hohe Potential des Leistungsteils annehmen.

**3.**

Weil der Oberschwingungsgehalt der abgegebenen Gleichspannung den Regler ungünstig beeinflußt.

**4.**

Bei allen Umkehrantrieben, da durch die Gleichrichtung der Wechselspannung die Polarität der Gleichspannung drehrichtungsunabhängig ist.

# Optimierung des Reglers — L7.1

*Übergangsverhalten*

Einen Regler optimieren heißt, ihn mit einer Rückführbeschaltung zu versehen, die ein optimales Regelverhalten der Regelgröße bei einer Störgrößenänderung oder einem Führungsgrößensprung ergibt.

Ein optimales Regelverhalten ist dann vorhanden, wenn bei einer Störgrößenänderung der Regler die Regelgröße möglichst schnell und ohne zu großes Überschwingen auf den ursprünglichen Wert zurückführt bzw. bei einer Führungsgrößenänderung auf den neuen Wert einstellt.

Bild 7.1 zeigt das Übergangsverhalten der Regelgröße eines Regelkreises bei Aufschalten einer Führungsgrößenänderung auf den Eingang des Reglers.

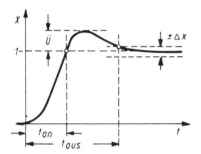

Bild 7.1
Übergangsverhalten der Regelgröße $x$ nach einem Führungsgrößensprung

Folgende Größen und ihre Definitionen geben das Regelverhalten wieder:

*Anregelzeit* $t_{an}$ ist die Zeit, nach der die Regelgröße den neuen Führungswert zum ersten Mal erreicht.

*Ausregelzeit* $t_{aus}$ ist die Zeit, nach der sich die Regelgröße nach einem Führungsgrößensprung praktisch nicht mehr ändert.

*Überschwingweite* $ü$ ist das Überschwingen über den einzustellenden Wert in Prozent, bezogen auf den Führungsgrößensprung.

Die Optimierung eines Regelkreises erfolgt nach bestimmten Optimierungsverfahren. Diese ermöglichen eine Vorausberechnung der erforderlichen Reglerbeschaltung, wenn die Größen der Regelstrecke bekannt sind oder zumindest ungefähr angenommen werden können.

Die Prüfung der richtigen Reglereinstellung erfolgt in der Praxis am günstigsten durch einen Führungsgrößensprung am Eingang des Reglers, wobei gleichzeitig ein Schreiber das Übergangsverhalten der Regelgröße aufzeichnet.

## L7.2 Optimierung des Reglers

*Optimierung des PI-Reglers*

Bei den über Thyristorstromrichter gespeisten Gleichstromantrieben arbeitet man mit einem unterlagerten Stromregelkreis und einem diesem überlagerten Drehzahlregelkreis. Diese Methode hat den Vorzug, daß sich jeder der beiden Regelkreise verhältnismäßig einfach optimieren läßt. In jedem dieser beiden Regelkreise ist nur eine große Zeitkonstante („groß" gegenüber der Summe der kleinen Zeitkonstanten) vorhanden: im Stromregelkreis die Ankerkreiszeitkonstante $T_A$, im Drehzahlregelkreis die mechanische Zeitkonstante oder Integrierzeit $T_i$. Es ist daher möglich, für jeden der beiden Regelkreise einen PI-Regler zu verwenden. In der folgenden Tabelle sind die Kenngrößen des Regelkreises daher auch nur für den PI-Regler und die beiden Optimierungsverfahren Betragsoptimum (BO) und Symmetrisches Optimum (SO) angegeben.

|    | $V_R$ | $T_n$ | $t_{an}$ | $t_{aus}$ | $ü\%$ | Glättung Sollwert | Ersatzzeit-konstante $t_e$ |
|----|---|---|---|---|---|---|---|
|    | | | \multicolumn{3}{c}{Sollwertsprung} | | |
| BO | $\dfrac{T_1}{2 \cdot V_s \sigma}$ | $T_1$ | $4{,}7 \cdot \sigma$ | $8{,}4 \cdot \sigma$ | $4{,}2$ | – | $2 \cdot \sigma$ |
| SO | $\dfrac{T_1}{2 \cdot V_s \sigma}$ | $4 \cdot \sigma$ | $3{,}1 \cdot \sigma$ | $16{,}5 \cdot \sigma$ | $43{,}4$ | – | |
|    | | | $7{,}6 \cdot \sigma$ | $13{,}3 \cdot \sigma$ | $8{,}1$ | $4 \cdot \sigma$ | $4 \cdot \sigma$ |

Bild 7.2  Regleroptimierung

Die Kenngrößen in Bild 7.2, Tabelle, bedeuten:

*Reglerverstärkung* $V_R$ (oder Proportionalverstärkung $V_P$) ist die (Spannungs-)Verstärkung des Regelverstärkers. Sie ergibt sich zu

$$V_R = \frac{U_a}{U_e} = \frac{R_1}{R_0}$$

*Regelstreckenverstärkung* $V_S$ ist die (Spannungs-)Verstärkung der Regelstrecke, d.h. das Verhältnis Eingangsspannungsänderung am Istwerteingang zu Ausgangsspannungsänderung des Reglers.

# Optimierung des Reglers L7.3

*Nachstellzeit* $T_n$ (bei einem PI-Regler) ist die Zeit, die nach einer sprungartigen Änderung der Eingangsspannung vergeht, bis sich die Ausgangsspannung im Anschluß an den proportionalen Anfangssprung infolge des integralen Verhaltens des Reglers um die Größe des Ausgangsspannungssprungs geändert hat.

*Summe der kleinen Zeitkonstanten* $\sigma$ ist die Zusammenfassung der kleinen Zeitkonstanten; zu ihnen zählen die Totzeit des Stromrichters und die Glättungszeitkonstante.

*Ersatzzeitkonstante* $t_e$ ist die Zeitkonstante mit der der optimierte Regelkreis in den überlagerten Regelkreis eingeht.

*Blockschaltplan eines Gleichstrom-Einquadrantantriebs*

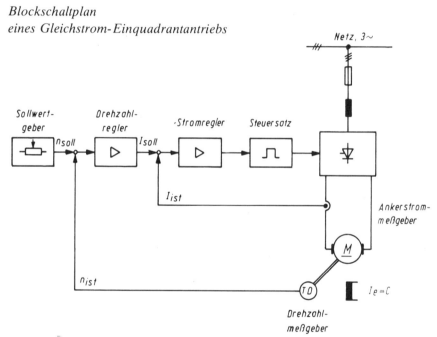

Bild 7.3  Blockschaltplan eines geregelten Gleichstrom-Einquadrantantriebs

Bild 7.3 zeigt den Blockschaltplan eines Einquadrantantriebs mit Stromregelkreis und Drehzahlregelkreis.

Zum Leistungsteil gehören:

Thyristorstromrichter in Drehstrom-Brückenschaltung mit Kommutierungsdrosseln,
Gleichstrommotor,
Ankerstrommeßgeber (Gleichstromwandler im Gleichstromkreis),
Drehzahlmeßgeber (Tachometermaschine) mit Gleichstrommotor gekuppelt.

# L7.4 Optimierung des Reglers

Zum Steuer- und Regelteil gehören:

sechspulsiger Steuersatz,
Stromregler,
Drehzahlregler,
Sollwertgeber (Potentiometer).

*Optimierung des Stromregelkreises*

Der Stromregelkreis wird durch das Strukturbild (Bild 7.4) dargestellt. Er enthält – ausgehend vom Stromreglerausgang – den Steuersatz, den Stromrichter, den Ankerkreis mit Gleichstrommotor und den Gleichstromwandler, dessen Istwert auf den Eingang des Stromreglers geht. Am Eingang des Stromreglers erfolgt der Vergleich zwischen der Führungsgröße ($I_{soll}$), die vom Ausgang des Drehzahlreglers kommt, und der Regelgröße ($I_{ist}$) vom Ankerstrommeßgeber.

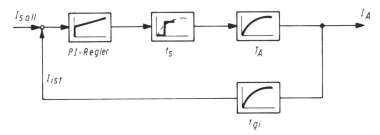

Bild 7.4  Strukturbild des Stromregelkreises

Zur Optimierung sind die Trägheiten des Kreises und die Verstärkung der Regelstrecke zu bestimmen:

*Totzeit des Stromrichters $t_S$*

Während die Verschiebung der Zündimpulse des elektronischen Steuersatzes praktisch trägheitslos erfolgt, ergibt sich beim Stromrichter eine Totzeit, die vom Zündzeitpunkt des vorher gezündeten Thyristors abhängt. Das rührt daher, daß der einmal gezündete Thyristor nicht gelöscht werden und frühestens 60° später der nächstfolgende Thyristor übernehmen kann. Damit ergibt sich die größte Totzeit von 60° oder 3,3 ms, wenn der vorhergehende Thyristor bei 0° gezündet wurde, und genau danach kommt Zündbefehl für $\alpha = 60°$. Die Totzeit ist dagegen praktisch Null, wenn der vorhergehende Thyristor bei $\alpha = 60°$ gezündet wird, und genau danach kommt Zündbefehl für $\alpha = 0°$. Der nächste Thyristor wird jetzt sofort bei $\alpha = 0°$ zünden. Aus diesen beiden Grenzwerten ergibt sich eine mittlere statistische Totzeit von 1,7 ms bei der Drehstrom-Brückenschaltung. Diese Totzeit kann bei Vorhandensein größerer Zeitkonstanten im Regelkreis wie eine Zeitkonstante behandelt werden.

Optimierung des Reglers

## L7.5

*Ankerkreiszeitkonstante* $T_A$

Die Zündwinkeländerung des Steuersatzes bewirkt eine Änderung der Ausgangsspannung des Stromrichters und damit auch eine Stromänderung im Anker des Gleichstrommotors. Diese Änderung erfolgt verzögert entsprechend der Ankerkreiskonstante, die sich aus dem Verhältnis der Induktivitäten im Ankerkreis (Motor + Glättungsdrossel) zum Ankerkreiswiderstand ergibt. Für einen listenmäßigen Gleichstrommotor ist die Ankerzeitkonstante eine bekannte Größe und in den Listen angegeben. Sie ändert sich in Abhängigkeit von der Leistung weniger als proportional, z.B. liegt sie bei unkompensierten Gleichstrommotoren mit $n = 1500$ min$^{-1}$ bei 30 kW bei etwa 30 ms, bei 150 kW bei etwa 80 ms.

Die Ankerkreiszeitkonstante ergibt sich zu

$$T_{A_{kreis}} = \frac{L_A + L_D}{R_A + R_D + R_L} \; .$$

*Istwertglättung* $t_{gi}$

Der vorgesehene Transduktor-Gleichstromwandler liefert eine Gleichspannung mit einer 100-Hz-Welligkeit. Da diese Welligkeit die Regelung stören würde, ist eine Glättung erforderlich.

*Die Regelstreckenverstärkung* $V_{si}$

Die Regelstreckenverstärkung $V_{si}$ des Stromregelkreises ergibt sich aus dem Verhältnis der Spannungsänderung am Ausgang der Regelstrecke zur Spannungsänderung am Eingang der Regelstrecke. Der Ausgang der Regelstrecke ist die Gleichspannung am Ausgang des Stromwandlers, der Eingang der Regelstrecke ist die Gleichspannung am Ausgang des Stromreglers bzw. Eingang des Steuersatzes.

Für die Berechnung kann von folgenden Voraussetzungen ausgegangen werden:

1. Der Stromwandler wird mit seiner Nennbürde so eingestellt, daß sich beim Maximalstrom $I_d$ des Stromrichters (Grenzgleichstrom) eine Spannung von 10 V ergibt.

2. Der Steuersatz arbeitet bei Gleichrichterbetrieb und einer Änderung der Stromrichterspannung von 0 bis zur Nennspannung $U_d$ (entsprechend Nennankerspannung $U_A$) mit einer Steuerspannungsänderung von 10 V. Für eine Ankerstromänderung von 0 auf Maximalstrom ist aber nur eine Spannungsänderung der Stromrichterspannung erforderlich, die dem Ankerspannungsabfall $R_A I_{A\,max}$ entspricht.

Wir können daher schreiben

$$V_{si} = 1{,}4 \, \frac{U_{An}}{R_A I_{A\,max}} \; .$$

Der Faktor 1,4 berücksichtigt dabei, daß die Ankerspannung der Steuerspannung nach einer cos-Funktion folgt und der Maximalwert bei der Optimierung als kritischer Wert zugrunde gelegt werden muß.

Bei der Projektierung können die für die Berechnung der Ankerkreiszeitkonstante und der Regelstreckenverstärkung $V_{si}$ erforderlichen Werte den Motorlisten entnommen werden. Bei der Inbetriebnahme kann die Ankerkreiszeitkonstante durch Aufzeichnung des Verlaufs des Ankerstroms (Schreiber oder Speicheroszillograph) bei einem Spannungssprung auf den Eingang des Steuersatzes bestimmt werden. Die Regelstreckenverstärkung $V_{si}$ ergibt sich durch eine Messung der Kennlinie $U_{I\,ist} = f(U_R)$ zu

$$V_{si} = \frac{\Delta \cdot U_{I\,ist}}{\Delta U_R}$$

*Beschaltung des Reglers*

Die Beschaltung des Reglers besteht aus den Bauelementen im Eingangskreis und im Rückführkreis.

Die Festlegung der Eingangswiderstände im Führungsgrößenkanal ($I_{soll}$) und im Regelgrößenkanal ($I_{ist}$) erfolgt nach der Höhe des festgelegten Vergleichsstroms, der sich aus der geforderten statischen Genauigkeit ergibt. Für eine Gerätereihe sind diese Widerstände im allgemeinen festgelegt und eingebaut.

Die Widerstände und Kondensatoren im Rückführkreis werden aufgrund der Berechnung der Reglerverstärkung $V_R$ und der Nachstellzeit $T_n$ festgelegt. Meistens sind Bauelemente für mittlere zu erwartende Größen von $V_R$ und $T_n$ eingebaut.

Für die Optimierung des Stromreglers kann das Verfahren nach dem Betragsoptimum verwendet werden, wenn $4\sigma \geqq T_A$ ist, nach dem Symmetrischen Optimum, wenn $4\sigma \geqq T_A$ ist. Beide Verfahren sind also anwendbar, wenn $T_A$ etwa im Bereich von $4\sigma$ liegt.

Optimierung des Reglers **L7**.7

*Berechnungsbeispiel*

Daten des Gleichstrommotors:

36 kW, 450 V, 80 A, 1750 min$^{-1}$
$T_A = 30$ ms; $R_A = 0,35$ Ω

Weitere Daten:

| | |
|---|---|
| Stromrichtergerät | $I_{d\ gr} = 120$ A |
| Glättungsdrossel im Ankerkreis | keine |
| Ankerkreiszeitkonstante | $T_{A\ kreis} = T_A$ |
| Glättung des Stromistwerts | $t_{gi} = 3,5$ ms |
| Totzeit des Stromrichters | $t_s = 1,7$ ms |
| Summe der kleinen Zeitkonstanten | $\sigma = 5,2$ ms |
| Eingangswiderstand | $R_0 = 44$ kΩ |
| (entspr. 230 µA Vergleichsstrom bei 10 V) | |

*Berechnung*

1. Regelstreckenverstärkung

$$V_s = 1,4 \cdot \frac{U_A}{R_A \cdot I_{Amax}}$$

$$V_s = 1,4 \cdot \frac{450\ V}{0,34 \cdot 120} = 15$$

2. Reglerverstärkung

$$V_R = \frac{T_A}{2 \cdot V_s \sigma}$$

$$V_R = \frac{30\ ms}{2 \cdot 15 \cdot 5,2\ ms} = 0,2$$

3. Rückführwiderstand

$R_1 = V_R R_0 = 0,2 \cdot 44$ kΩ $= 8,8$ kΩ
gewählt
$R_1 = 10$ kΩ

4. Nachstellzeit
   Es ergibt sich eine unterschiedliche Nachstellzeit, je nachdem, ob der Stromregler nach dem Betragsoptimum oder dem Symmetrischen Optimum optimiert wird. Da die Ankerkreiszeitkonstante (30 ms) im Bereich von $4\sigma$ (20,8 ms) liegt, sind hier beide Optimierungsverfahren anwendbar. Es ergeben sich die in der Tabelle eingetragenen Reglerwerte.

## L7.8 Optimierung des Reglers

|    | $T_n$    | $R_1$   | $C_1$     |
|----|----------|---------|-----------|
| BO | 30 ms    | 10 kΩ   | 3,0 µF    |
| SO | 20,8 ms  | 10 kΩ   | 2,08 µF   |

### 5. Ausführung des Reglers

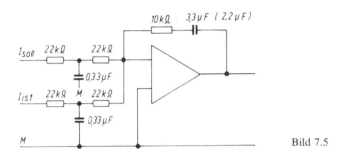

Bild 7.5

Das Bild 7.5 zeigt den Stromregler mit den gewählten Größen der Bauelemente bei der Ausführung nach dem Betragsoptimum. In Klammer hierzu ist die bei dem Symmetrischen Optimum erforderliche Größe eingetragen.

*Optimierung des Drehzahlregelkreises*

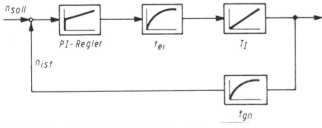

Bild 7.6  Strukturbild des Drehzahlregelkreises

Der Drehzahlregelkreis wird durch das Strukturbild 7.6 dargestellt.

Er enthält den Drehzahlregler, die den optimierten Stromregelkreis darstellende Ersatzzeitkonstante $t_{ei}$, die Integrierzeit $T_I$ und die Glättungszeitkonstante $t_{gn}$.

# Optimierung des Reglers

Zur Optimierung ist die Integrierzeit zu bestimmen und die Glättungszeitkonstante festzulegen. Bei einer in der Regelstrecke vorhandenen Integrierzeit kann die Optimierung nur nach dem Symmetrischen Optimum erfolgen.

*Die Integrierzeit*

Die Integrierzeit ist die auf Verstärkung $V_s = 1$ bezogene Hochlaufzeit der Maschine, die sich aus den Schwungmassen und dem zur Verfügung stehenden Drehmoment ergibt. Da die Schwungmassen je nach Antrieb stark unterschiedlich sein können, ist es zweckmäßig, eine Einstellmöglichkeit für die Reglerverstärkung in Form eines Potentiometers vorzusehen.

Die Aufschaltung eines Führungsgrößensprungs als Stromsollwert ($I_{soll}$) auf den Eingang des optimierten Stromreglers bedeutet für den Gleichstrommotor die Vorgabe eines konstanten Stromes und damit – bei konstanter Erregung – eines konstanten Drehmoments. Der Motor läuft daher linear hoch, wobei die Hochlaufzeit umgekehrt proportional dem Drehmoment ist.

Die Anstiegsgeschwindigkeit der Drehzahl wird durch die Integrierzeit beschrieben: also die Zeit, die vergeht, bis sich die Regelgröße ($n_{ist}$) bei einem Führungsgrößensprung um die Größe des Führungsgrößensprungs geändert hat.

*Glättungszeitkonstante $t_{gn}$*

Die Glättungszeitkonstante $t_{gn}$ ist so festzulegen, daß der Drehzahlregler durch Oberschwingungen nicht ungünstig beeinflußt wird.

Bei Einquadrantantrieben mit Erfassung der Drehzahl durch Drehstromtachomaschinen bestimmt die Frequenz der Drehstromtachomaschinen-Spannung bzw. der sich durch Drehstrombrückengleichrichtung ergebenden oberschwingungshaltigen Gleichspannung die erforderliche Glättungszeitkonstante. Sie liegt je nach Drehzahlstellbereich zwischen 10 und 50 ms.

*Beschaltung des Reglers*

Die Eingangswiderstände sind wie beim Stromregler durch den gewählten Vergleichstrom und die Sollwert- bzw. Istwertspannungen festgelegt. Die Sollwertspannung ist durch die Potentiometerspannung von 10 V gegeben. Die Istwertspannung wird meistens um ein Vielfaches höher gewählt; wobei über Spannungsteilerschaltung und ein Potentiometer zur genauen Einstellung der Nenndrehzahl die Anpassung an die Tachomaschinenspannung erfolgt.

*Berechnungsbeispiel*

Gegebene Daten:
Ersatzzeitkonstante des optimierten Stromregelkreises $\quad t_{gi} = 2\sigma_i = 2 \cdot 5{,}2 = 10{,}4$ ms

Integrierzeit $\quad T_I = 500$ ms (z. B. aus Messung)

Glättung der Tachomaschinenspannung $\quad t_{gn} = 25$ ms

Sollwerteingang $\quad$ 44 k$\Omega$

Istwerteingang $\quad$ 200 k$\Omega$
(entspricht bei 230-µA-Vergleichsstrom
200 k$\Omega$ · 230 µA · $10^{-3}$ = 46 V)

*Berechnung*

$$V_R = \frac{T_I}{2\sigma} = \frac{500}{2 \cdot (25 + 10{,}4)} \approx 7$$

Beim Drehzahlregler wird zur Anpassung der Reglerverstärkung an die Regelstrecke ein Potentiometer gewählt.

Damit ergibt sich für die Einstellung des Potentiometers auf den Spannungsteilerfaktor $\alpha$

$$R_1 = R_0 V_R \alpha \quad \text{oder}$$

$$\alpha = \frac{R_1}{R_0 V_R} = \frac{200}{200 \cdot 7} = 0{,}143$$

Bei dieser Einstellung $\alpha = 0{,}143$ läßt sich die Verstärkung zur Anpassung etwa um den Faktor 2,7 vergrößern ($\alpha = 0{,}05$) bzw. um den Faktor 7 verringern ($\alpha = 1$).

Beim Symmetrischen Optimum gilt

$$T_n = 4 \cdot \sigma \cdot = 4 \cdot 35{,}4 = 141{,}6 \text{ ms}$$

Optimierung des Reglers  **L7**.11

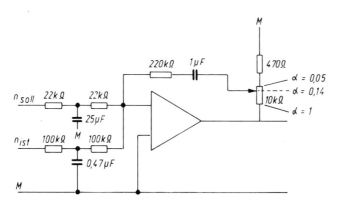

Bild 7.7  Symmetrisch optimierter Drehzahlregler

In Bild 7.7 sind die eingebauten Werte eingetragen:

Verstärkung $V_R \cong 7$ (bei $\alpha = 0{,}143$)

Nachstellzeit $T_n = 220 \text{ k}\Omega \cdot 1 \text{ }\mu\text{F} = 220 \text{ ms}$ (anstelle 141,6 ms)

Glättung der Tachomaschinenspannung $t_{gn} = 50 \text{ k}\Omega \cdot 0{,}47 \text{ }\mu\text{F} = 25 \text{ ms}$

# Optimierung des Reglers — A7

**1.**

Was versteht man unter der Optimierung eines Reglers?

**2.**

Warum ist ein PI-Regler sowohl für den Drehzahlregelkreis wie für den Stromregelkreis geeignet?

**3.**

Welche Größen müssen für die Optimierung des Stromregelkreises berechnet bzw. gemessen werden?

**4.**

An welche Größe in der Regelstrecke wird die Nachstellzeit beim betragsoptimierten Stromregler angepaßt?

**5.**

Von welchen Größen ist die Anregelzeit beim Stromregler abhängig?

**6.**

Welche Möglichkeit gibt es, die Anregelzeit des Stromregelkreises zu verringern?

**7.**

Wie sieht das Strukturbild des Stromregelkreises aus? (Zeichnung)

**8.**

Welche Einstellung beim Drehzahlregler muß an die Größe der Schwungmassen angepaßt werden?

**9.**

Warum ist beim Drehzahlregler ein Potentiometer zur Einstellung der Verstärkung zweckmäßig?

**10.**

Wie wird das Übergangsverhalten eines Regelkreises praktisch überprüft?

# E7 — Optimierung des Reglers

**1.**

Die Berechnung bzw. Einstellung einer Rückführbeschaltung des Reglers, die optimales Übergangsverhalten ergibt.

**2.**

Weil in jedem der beiden Regelkreise nur eine große Zeitkonstante (Integrierzeit bzw. mechanische Zeitkonstante oder Ankerkreiszeitkonstante) vorhanden ist.

**3.**

Die Ankerkreiszeitkonstante und die Glättungszeitkonstante.

**4.**

An die Ankerkreiszeitkonstante.

**5.**

Von der Summe der kleinen Zeitkonstanten: Totzeit $t_s$ des Stromrichters und Glättungszeitkonstante des Stromistwerts.

**6.**

Durch Verwendung von Gleichstrommeßgebern, die eine kleine Glättungszeitkonstante erfordern.

**7.**

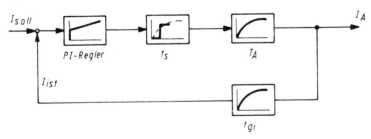

**8.**

Die Reglerverstärkung $V_R$.

## Optimierung des Reglers — E7

**9.**

Weil die Schwungmassen der Verarbeitungsmaschinen sehr unterschiedliche Größen haben können und meistens nicht genau bekannt sind.

**10.**

Durch Aufschalten eines Führungsgrößensprungs auf den Reglereingang und Aufzeichnung des Übergangsverhaltens der Regelgröße (z.B. der Drehzahl eines Antriebs).

# Kapitel 4

# Ein- und Mehrquadrantenantriebe

L 8 Einquadrantantrieb
L 9 Mehrquadrantenantriebe

# L8.1 Einquadrantantrieb

*Schaltung*

Aus Eigenschaften und Wirkungsweise der einzelnen Baugruppen ergibt sich die Zusammenarbeit im vollständigen Antrieb und damit die Arbeitsweise des Antriebs.

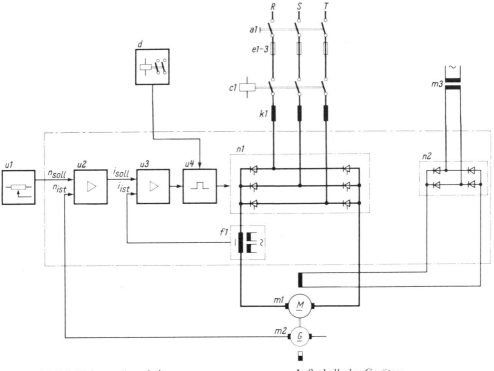

| Im SIMOREG-Einbaugerät enthalten: | | Außerhalb des Gerätes: | |
|---|---|---|---|
| f1 | Gleichstromwandler mit Hilfstransformator | a1 | Hauptschalter |
| k1 | Kommutierungsdrossel | c1 | Hauptschütz |
| n1 | Thyristorsatz | d | Hilfsschütze |
| n2 | Feldgleichrichter | e1–e3 | Strangsicherungen |
| u2 | Drehzahlregler | m1 | Gleichstrommotor |
| u3 | Stromregler | m2 | Tachomaschine |
| u4 | Steuersatz mit Stromversorgung | m3 | Hilfstransformator |
| Bild 8.1 Einquadrantantrieb | | u1 | Drehzahlsollwertsteller |

Bild 8.1 zeigt den Prinzipschaltplan eines Gleichstrom-Einquadrantantriebs. Innerhalb des strichpunktierten Rahmens sind die Bauelemente enthalten, die immer erforderlich sind und daher auch in einer Grundeinheit zusammengefaßt werden können.

Steuersatz und Regler können in einem großen Leistungsbereich in gleicher Ausführung verwendet werden. Der Thyristorsatz mit Thyristoren richtet sich nach Strom sowie Spannung und damit nach der Leistung des Antriebs. Der Gleichstromwandler kann einem bestimmten Bereich angepaßt werden, der Feldgleichrichter richtet sich nach der erforderlichen Erregerleistung des Motors. Allen diesen Baugruppen ist gemeinsam, daß ihre Ausführung unabhängig von den technologischen Anforderungen der Verarbeitungsmaschinen ist.

Einquadrantantrieb **L8**.2

Die Wahl des Gleichstrommotors mit seiner Ausführung, die für Anfahren, Betrieb und Stillsetzen erforderlichen Schalt- und Schutzgeräte sowie die Steuerschaltung sind je nach den technologischen und betrieblichen Anforderungen der Verarbeitungsmaschinen verschieden und müssen entsprechend ausgewählt und angepaßt werden. Im Schaltplan sind zusätzlich diejenigen Schalt- und Schutzgeräte eingezeichnet, die in der einfachsten Grundausführung erforderlich sind.

*Arbeitsweise*

Mit *einem* Stromrichter in Drehstrom-Brückenschaltung ist Betrieb nur in einer Drehrichtung und in einer Momentrichtung möglich. Das ergibt sich aus der Eigenschaft des Thyristors, der nur in einer Richtung Strom führen kann.

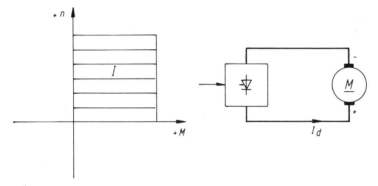

Bild 8.2  Drehzahl-Drehmoment-Kennlinienfeld und Schaltplan

Die Drehzahl-Drehmoment-Kennlinien ($n/M$) können wir in einem Kennlinienfeld (Bild 8.2) darstellen. Diese Betriebsart heißt Einquadrantantrieb, der Arbeitsbereich *Quadrant I*. Wenn wir konstantes Erregerfeld voraussetzen, dann ist die Drehzahl direkt proportional der in der Maschine induzierten Quellenspannung $U_q$[1]) und das Drehmoment dem Ankerstrom $I_A$ des Motors. Bei einer normalerweise vorhandenen Drehzahlregelung erhält man praktisch geradlinig verlaufende Drehzahl-Drehmoment-Kennlinien im gesamten Ankerspannungsbereich. Das maximal zulässige Drehmoment ist durch den Grenzgleichstrom des Stromrichters gegeben, seine Einstellung kann durch die Begrenzung des Stromsollwerts am Drehzahlregler-Ausgang erfolgen.

Da Stromrichterspannung $U_d$ und Gleichstrom $I_d$ positiv sind, besteht positive Energierichtung. Der Stromrichter richtet die vom Netz kommende Energie gleich und speist den Gleichstrommotor: Diese Betriebsart heißt deshalb Gleichrichterbetrieb (Übersichtsschaltplan Bild 8.2). Der Motor wird durch die vom Netz kommende Energie angetrieben, diese Betriebsart heißt deshalb auch „Treiben".

---

[1]) Statt der EMK $E$ wurde die Quellenspannung $U_q$ eingeführt (s. Kapitel 1: Gleichstrommotor).

## L8.3 Einquadrantantrieb

Beim Hochfahren kann der Motor mit vollem Strom (entsprechend der Begrenzung des Stromsollwerts) beschleunigt werden. Beim Herunterfahren auf kleinere Drehzahl oder Stillsetzen läuft der Motor jedoch entsprechend seinen Schwungmassen und abhängig von der Belastung der Arbeitsmaschine aus, da ein generatorisches Bremsen nicht möglich ist.

*Beispiel eines Betriebsablaufs*

An einem Beispiel soll die Arbeitsweise des Stromrichters und die Zusammenarbeit mit dem Gleichstrommotor betrachtet werden. Um die Darstellung zu vereinfachen, werden in Bild 8.3 nur die Stellung des Sollwertpotentiometers, die Prinzipschaltung des Leistungskreises mit Stromrichter und Motor sowie die Spannungen in Zeigerdarstellung aufgezeichnet. Die Arbeitsweise der Steuer- und der Regelschaltung wird nicht betrachtet.

Gegeben: Gleichstrom-Einquadrantantrieb. Antrieb soll auf Nenndrehzahl hochgefahren werden, dann bei dieser Drehzahl Betrieb machen und dann auf halbe Drehzahl verstellt werden $n_{soll} = 0 \rightarrow -10$ V; $n = 0 \rightarrow n_N$

Gesucht: Zeitlicher Ablauf und Verhalten des Antriebs, Verlauf von Stromrichterspannung, Drehzahl und Strom

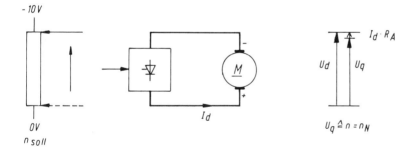

Bild 8.3 Betrieb bei Nenndrehzahl

Ablauf:

1. *Hochfahren und Betrieb mit Nenndrehzahl*

1.1 Sollwertsteller wird von 0 V (Drehzahl $n = 0$) auf $-10$ V ($\triangleq n = n_N$) verstellt.

1.2 Steuersatz wird über den Stromregler, ausgehend von Nullstellung ($\alpha = 90°$), in Richtung $\alpha = 0°$ (Gleichrichterbetrieb) ausgesteuert.

1.3 Stromrichterspannung steigt von 0 V aus an, im Motor beginnt Strom zu fließen, der so lange ansteigt, bis er durch die Strombegrenzung begrenzt wird.

Einquadrantantrieb **L8**.4

1.4 Hochlauf des Motors an der Strombegrenzung. Die Stromrichterspannung steigt zeitlinear so an, daß ihre Differenz mit $U_q$ dem $I_A R_A$ entspricht ($U_d = U_q + I_A R_A$)

1.5 Betrieb mit Nenndrehzahl. Nach Erreichen der Nenndrehzahl wird die Drehzahl – auch bei unterschiedlicher Belastung – durch den Sollwert-Istwert-Vergleich konstant gehalten. Dieser Betriebszustand ist in Bild 8.3 dargestellt.

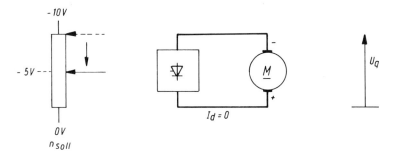

Bild 8.4   Übergang auf halbe Drehzahl

2. *Übergang auf halbe Nenndrehzahl*

2.1 Sollwertsteller wird von −10 V ($\triangleq n = n_N$) auf −5 V ($\triangleq n = n_N/2$) verstellt.

2.2 Steuersatzimpulse werden in Richtung Wechselrichterbetrieb bis zur $\alpha_w$-Begrenzung verschoben.

2.3 Stromrichterspannung wird kleiner als Maschinenspannung ($U_d < U_q$). Damit wird durch Maschinenspannung (+ an Kathoden, − an Anoden der Thyristoren) der Stromrichter gesperrt. Den Beginn des Übergangs auf halbe Drehzahl zeigt Bild 8.4.

2.4 Antrieb läuft mit einer dem Massen-Trägheitsmoment $J$ entsprechenden Zeit auf halbe Drehzahl; bei Belastung wird gegenüber Leerlauf die Maschine rascher verzögert. Vom Netz wird keine Energie geliefert, auch Rücklieferung von Energie (elektrisches Bremsen) ist nicht möglich, da der Stromrichter gesperrt ist.

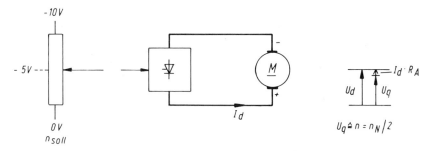

Bild 8.5   Betrieb mit halber Nenndrehzahl

3. *Betrieb mit halber Nenndrehzahl*

3.1 Erreichen der halben Nenndrehzahl, Istwert wird kleiner als Sollwert ($n_{ist} < n_{soll}$). Differenzspannung am Eingang wird negativ, Steuersatz erhält wie bei Beispiel 1. Befehl in Richtung $\alpha = 0°$ (Gleichrichterbetrieb) aussteuern. Er steuert aber nur so weit, bis (etwa bei $\alpha = 60°$) Gleichgewicht erreicht ist.

3.2 Motor läuft mit halber Drehzahl. Wie bei Beispiel 1. wird Energie vom Netz über den Stromrichter zum Motor geliefert. Diesen Betriebszustand zeigt Bild 8.5.

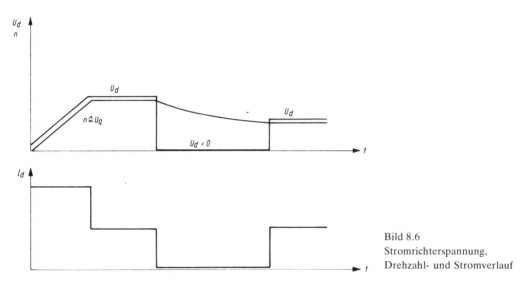

Bild 8.6
Stromrichterspannung, Drehzahl- und Stromverlauf

In Bild 8.6 ist der Gesamtablauf in Abhängigkeit von der Zeit $t$ für die Stromrichterspannung $U_d$, die Maschinenspannung $U_q$ ($\triangleq$ Drehzahl $n$) und den Gleichstrom $I_d$ aufgetragen.

Bei Beginn steht der Motor, zum Hochlaufen ist ein Strom erforderlich, der sich aus Beschleunigungsmoment $M_b$ und Gegenmoment $M_G$ von Motor und Arbeitsmaschine ergibt. Ist der Hochlauf beendet, dann entfällt das Beschleunigungsmoment, der statische Strom wird kleiner.

Beim Auslauf des Antriebs auf halbe Drehzahl ist der Stromrichter gesperrt, der Strom wird zu Null[1]). Der Stromrichter bleibt gesperrt, die Impulse liegen an Wechselrichterbegrenzung.

Bei Erreichen der halben Drehzahl beginnt wieder Strom zu fließen. Falls die Arbeitsmaschine konstantes Moment verlangt, wird, wie gezeichnet, der gleiche Strom wie bei voller Drehzahl fließen.

---

[1]) Der Strom wird nie sprungartig zu Null, da die im Ankerkreis gespeicherte Energie auch bei negativer Anoden-Kathoden-Spannung der Thyristoren den Strom weiter im Kreis fließen läßt, bis die magnetische Energie verbraucht ist.

# Einquadrantantrieb  A8

**1.**

Was ist das Kennzeichen eines Einquadrantantriebs hinsichtlich Drehzahl und Drehmoment?

**2.**

Warum läßt sich ein Einquadrantantrieb nicht generatorisch bremsen?

**3.**

Wie verhält sich ein Einquadrantantrieb, wenn der Sollwert in Richtung kleinere Drehzahl verstellt wird?

**4.**

Welchen Einfluß hat eine Vergrößerung der Schwungmassen auf die Auslaufzeit?

**5.**

Wie ändert sich die Auslaufzeit beim Übergang von leerlaufender auf belastete Maschine?

# E8 — Einquadrantantrieb

**1.**

Drehzahl und Drehmoment haben *eine* Richtung.

**2.**

Weil die Thyristoren nur in *einer* Richtung Strom führen können.

**3.**

Er läuft aus, da der Stromrichter durch die anliegende Maschinenspannung gesperrt wird.

**4.**

Die Auslaufzeit wird größer.

**5.**

Die Auslaufzeit wird kleiner.

# Mehrquadrantenantriebe   L9.1

*Allgemeine Übersicht*

Bei Mehrquadrantenantrieben erfolgt der Betrieb nicht nur in einem, sondern in zwei oder vier Quadranten, so daß nicht nur „Treiben" in einer Drehrichtung, sondern „Treiben" und „Bremsen" in zwei Drehrichtungen möglich ist.

Schaltungen für Mehrquadrantenbetrieb sind dann erforderlich, wenn häufiges Beschleunigen und Verzögern oder auch Drehrichtungswechsel erforderlich sind und die Beschleunigungszeiten und Verzögerungszeiten klein gehalten werden sollen. Auch bei Antrieben mit hoher Arbeitsgeschwindigkeit, die mit einer konstanten – einmal eingestellten – Drehzahl arbeiten, kann ein Mehrquadrantenantrieb erforderlich sein, um bei Störgrößen unabhängig von der Momentrichtung ein schnelles Ansprechen der Regelung und damit Ausregeln der Störgröße zu erreichen.

Im folgenden werden die allgemeinen Voraussetzungen im Leistungsteil und im Steuer- und im Regelteil behandelt, dann wird die Arbeitsweise in den vier Quadranten erläutert.

Anschließend wird die Arbeitsweise der verschiedenen Stromrichterschaltungen im einzelnen betrachtet und am Beispiel von Betriebsabläufen beschrieben.


*Leistungsteil*

Bei der einfachen Stromrichterschaltung (*eine* Sternschaltung oder Drehstrom-Brückenschaltung) ist durch die Thyristoren mit ihrer Ventilwirkung *eine* Stromrichtung und damit *eine* Momentrichtung festgelegt. Um eine Umkehr der Stromrichtung bzw. Momentrichtung zu erreichen, muß daher die Schaltung im Leistungsteil erweitert werden.

Bei der *Ankerkreisumschaltung* erreicht man eine Umkehr der Stromrichtung durch Einbau von zwei Gleichstromschützen im Ankerkreis, die einen Polaritätswechsel ermöglichen. Bei der *Feldkreisumschaltung* erfolgt die Umschaltung über Schütze im Feldkreis.

Bei der *Gegenparallelschaltung* verwendet man *zwei* Stromrichter (daher auch Zweistromrichterschaltung) für die beiden Stromrichtungen.

Bei der kreisstromfreien Gegenparallelschaltung ist immer nur ein Stromrichter in Betrieb, bei dem zweiten sind die Impulse gesperrt und umgekehrt. Bei der kreisstromführenden Kreuzschaltung sind beide Stromrichter dauernd im Eingriff: Während der eine Stromrichter auf die erforderliche Spannung in Richtung Gleichrichterbetrieb ausgesteuert ist, ist der zweite Stromrichter auf eine gleich große Gleichspannung in Richtung Wechselrichterbetrieb ausgesteuert.

Diese verschiedenen Schaltungen ermöglichen einen Betrieb in allen vier Quadranten, ihre technischen Eigenschaften und der wirtschaftliche Aufwand sind jedoch unterschiedlich.

*Steuer- und Regelteil*

Wenn ein Vierquadrantenbetrieb möglich sein soll, müssen auch der Steuer- und der Regelteil verschiedene Zusatzbedingungen gegenüber dem Einquadrantbetrieb erfüllen:

1. Mit dem Drehzahlsollwert muß sowohl die eine wie die andere Drehrichtung vorwählbar sein. Hierzu verwendet man zwei Gleichspannungs-Polaritäten für die beiden Drehrichtungen:
   $-10$ V $\triangleq$ maximaler Drehzahl in Drehrichtung 1
   $+10$ V $\triangleq$ maximaler Drehzahl in Drehrichtung 2

   Wir benötigen daher ein Potentiometer als Sollwertgeber mit einem Stellbereich von $-10$ bis $+10$ V.

2. Bei Verwendung von zwei Regelverstärkern (Drehzahlregler und Stromregler) ergibt sich bei Sollwert $-10$ V am Steuersatzeingang $-10$ V (entsprechend $\alpha = 0° \rightarrow$ volle Gleichrichteraussteuerung).

   Bei Sollwert $+10$ V soll der Antrieb ebenfalls mit Maximaldrehzahl im Gleichrichterbetrieb, aber in der anderen Drehrichtung fahren. Der Steuersatz würde jedoch jetzt in Richtung $+10$ V ausgesteuert und damit eine negative Stromrichterspannung bewirken. Um hier die gleichen Betriebsverhältnisse wie bei Sollwert $-10$ V zu erhalten, ist eine Umkehr der Polarität erforderlich. Dazu wird ein zusätzlicher Verstärker verwendet, der als reiner P-Verstärker mit Verstärkung 1 ausgeführt ist. Dann erhält man auch hier bei positivem Drehzahlsollwert am Eingang des Steuersatzes eine negative Steuerspannung und damit Gleichrichteraussteuerung.

3. Bei Wechselrichterbetrieb (Bremsen) muß sichergestellt sein, daß der stromabgebende Thyristor bei Erreichen von $\alpha = 180°$ voll sperrfähig ist. Unter Berücksichtigung der Kommutierungszeit und Freiwerdezeit wird im allgemeinen die Wechselrichteraussteuerung auf $\alpha = 150°$ begrenzt. Damit wird ein Wechselrichterkippen vermieden.

   Durch die Begrenzung auf $\alpha = 150°$ werden im Wechselrichterbetrieb nur 86 % der maximal bei $\alpha = 180°$ erreichbaren Gleichspannung erreicht. Nehmen wir an, wir haben im Gleichrichterbetrieb auf $\alpha = 0°$ ausgesteuert und gehen nun auf Wechselrichterbetrieb über, dann könnte infolge der Begrenzung im Wechselrichterbetrieb ein Überstrom auftreten. Aus diesem Grund wird die Gleichrichteraussteuerung auf den gleichen Gleichspannungsmittelwert (entsprechend $\alpha = 30°$) begrenzt.

Mehrquadrantenantriebe   L9.3

*Betrieb in vier Quadranten*

Der Betriebsablauf und Übergang von einem zum nächsten Quadranten wird bei Verwendung von zwei Stromrichtern erläutert.

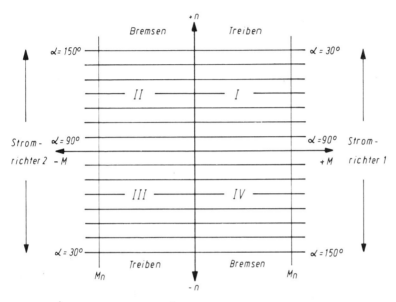

Bild 9.1   Drehzahl-Drehmoment-Kennlinien in vier Quadranten

In Bild 9.1 sind die vier Quadranten ($n = f(M)$) dargestellt. Ausgangspunkt sei Quadrant I von dem der Übergang nacheinander auf II, III und IV erfolgt. Zum Stromrichter 1 gehören die Quadranten I und IV, zum Stromrichter 2 die Quadranten II und III, d.h., jeder der beiden Stromrichter kann im Gleichrichter- und im Wechselrichterbetrieb arbeiten.

Die Arbeitsweise in den vier Quadranten läßt sich an einem Betriebsablauf erläutern und gleichzeitig mit den zugehörigen Quadranten im Verlauf von Maschinenspannung $U_q$ ($\triangleq n$), Stromrichterspannung $U_d$, Strom $I_d$ in Abhängigkeit von der Zeit $t$ (Bild 9.2) darstellen.

# L9.4 Mehrquadrantenantriebe

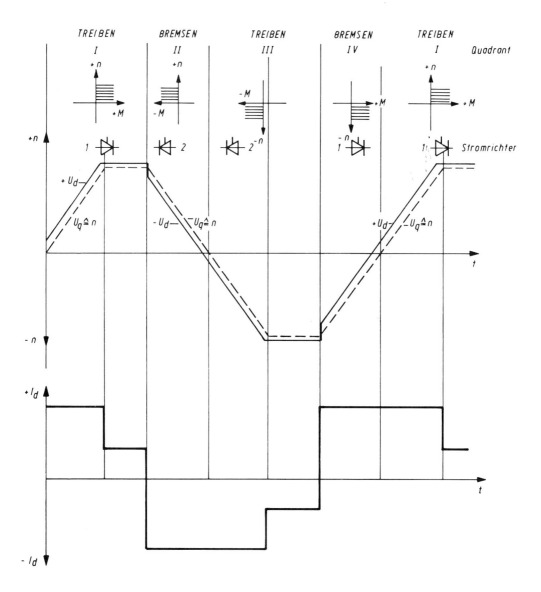

Bild 9.2
Verlauf von Drehzahl $n$, Stromrichterspannung $U_d$, Strom $I_d$ in Abhängigkeit von der Zeit $t$ (idealisierter Verlauf)

Mehrquadrantenantriebe **L9.5**

Wir betrachten die einzelnen Quadranten:

1. *Treiben – Quadrant I*

1.1 Beginn bei Drehzahl $n = 0$.
   Verstellung Drehzahlsollwert von 0 V → −10 V.
   Motor soll auf Nenndrehzahl hochfahren.
   Stromrichter 1 im Gleichrichterbetrieb, bei Beginn $\alpha = 90°$.
   Energie wird vom Netz über den Stromrichter zum Motor geliefert.
   Motor läuft an, wenn Stromrichterspannung $U_d$ für Anfahrstrom des Motors ausreicht.

1.2 Hochlauf auf Nenndrehzahl
   Der dargestellte Hochlauf erfolgt an der Stromgrenze (Strombegrenzung) und daher linear in Abhängigkeit von der Zeit mit konstantem Moment.

1.3 Erreichen der Nenndrehzahl $(+n)$; $\alpha = 30°$.
   Strom $I_d$ geht zurück, da Beschleunigungsstrom entfällt.


2. *Bremsen – Quadrant II*

2.1 Ausgangsdrehzahl – Nenndrehzahl $(+n)$.
   Verstellung Sollwert −10 V → +10 V
   Nenndrehzahl soll durch generatorisches Bremsen verringert werden. Bei Erreichen der Drehzahl Null soll der Antrieb in der anderen Drehrichtung hochfahren.
   Stromrichter 2 im Wechselrichterbetrieb; bei Beginn $\alpha = 150°$.
   Energie wird vom Motor in das Netz zurückgeliefert.
   Strom $I_d$ beim Bremsen entspricht Strom beim Hochfahren.
   Drehzahl geht bis auf Null ($\alpha = 90°$).


3. *Treiben – Quadrant III*

3.1 Bei Erreichen der Drehzahl Null erfolgt stetiger Übergang vom Bremsen auf Treiben und damit Hochlauf in der umgekehrten Drehrichtung $(-n)$.
   Stromrichter 2 geht stetig von Wechselrichterbetrieb in den Gleichrichterbetrieb über (bis $\alpha = 30°$) Energielieferung von Netz zum Motor.

3.2 Hochlauf auf Nenndrehzahl
   wie bei 1.2

3.3 Erreichen der Nenndrehzahl $(-n)$
   wie bei 1.3

4. *Bremsen – Quadrant IV*

4.1 Ausgangsdrehzahl – Nenndrehzahl ($-n$)
   Verstellung Sollwert $+10$ V $\to$ $-10$ V.
   Gleicher Verlauf wie bei 2.
   Stromrichter 1 im Wechselrichterbetrieb, bei Beginn $\alpha = 150°$.

5. *Treiben – Quadrant I*

5.1 Stetiger Übergang von Bremsen auf Treiben
   wie bei 3.
   Stromrichter 1 geht stetig von Wechselrichterbetrieb in den Gleichrichterbetrieb über bis $\alpha = 30°$.

Mehrquadrantenantriebe

**L9**.7

*Die kreisstromführende Kreuzschaltung
Aufbau und Wirkungsweise*

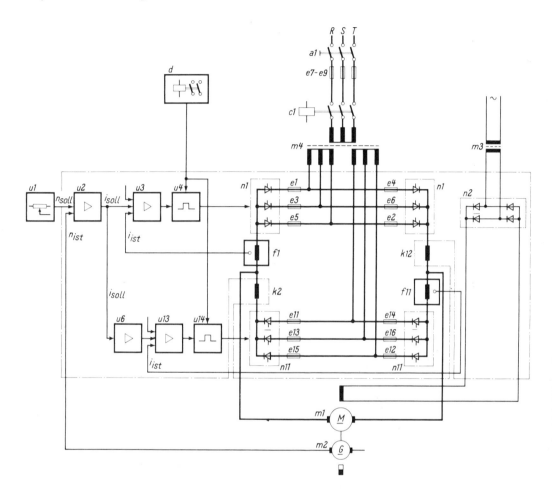

Im Stromrichtergerät enthalten:

| | |
|---|---|
| e1 bis e6 | Zweigsicherungen |
| e11 bis e16 | Zweigsicherungen |
| f1, f11 | Gleichstromwandler |
| n1, n11 | Thyristorsätze |
| n2 | Feldgleichrichter |
| u2 | Drehzahlregler |
| u3, u13 | Stromregler |
| u4, u14 | Steuersätze |
| u6 | Umkehrverstärker |

Außerhalb des Stromrichtergerätes:

| | |
|---|---|
| a1 | Hauptschalter |
| c1 | Hauptschütz |
| d | Hilfsschütze |
| e7 bis e9 | Hauptsicherungen |
| k2, k12 | Kreisstromdrosseln |
| m1 | Gleichstrommotor |
| m2 | Tachomaschine |
| m3 | Anpaßtransformator |
| m4 | Haupttransformator |
| u1 | Drehzahlsollwertsteller |

Bild 9.3   Kreisstromführende Kreuzschaltung

117

Bild 9.3 zeigt den Schaltplan eines Gleichstrom-Mehrquadrantenantriebs in kreisstromführender Kreuzschaltung. Innerhalb des strichpunktierten Rahmens sind – wie beim Einquadrantantrieb – die Bauelemente enthalten, die immer und in gleicher Ausführung erforderlich sind und daher in einer Drundeinheit zusammengefaßt werden können.

Das Grundprinzip der kreisstromführenden Kreuzschaltung ist der im Kreis zwischen beiden Stromrichtern fließende Kreisstrom, der durch die Regelung auf einem konstanten, etwa 10% des Nennstroms betragenden Wert gehalten wird. Dieser Kreisstrom wird über den im Gleichrichterbetrieb arbeitenden Stromrichter vom Netz entnommen und über den zweiten, im Wechselrichterbetrieb arbeitenden Stromrichter ins Netz zurückgespeist.

Mit dieser Schaltung ergeben sich zwei wesentliche Eigenschaften:
Durch den Kreisstrom wird beim Übergang von einer Drehrichtung in die andere ein Lücken des Stromes vermieden und damit ein stabiles Betriebsverhalten erreicht.

Der zweite Stromrichter, der nicht mit dem Motor zusammenarbeitet, führt immer nur Kreisstrom; damit ein Kreisstrom zum Fließen kommt, stellt er seine Spannung etwa auf den gleichen Mittelwert der Gleichspannung wie der erste Stromrichter ein. Damit steht dieser zweite Stromrichter in Wartestellung, um ohne Übergangszeit im Gleichrichter- oder Wechselrichterbetrieb zu arbeiten.

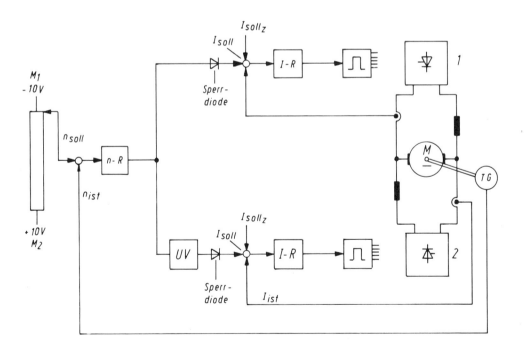

Bild 9.4  Blockschaltplan

Mehrquadrantenantriebe **L9**.9

Betrachten wir den Blockschaltplan Bild 9.4: Im Gleichstromkreis zwischen beiden Stromrichtern sind Kreisstromdrosseln eingebaut. Sie dienen zum Begrenzen des Kreisstroms, da die Augenblickswerte der Spannung der beiden Stromrichter auch bei gleichem Mittelwert verschieden sind.

Der Steuer- und der Regelkreis enthalten zunächst für jeden Stromrichter einen Steuersatz und einen Stromregler. Bei dem Stromrichter, der mit positivem Drehzahlsollwert arbeitet, ist ein Umkehrverstärker eingebaut. Der Stromsollwert vom Drehzahlregler darf nur auf den Stromrichter gegeben werden, der mit dem Motor zusammenarbeitet. Damit der zweite Stromrichter vom Drehzahlregler keinen Sollwert erhält, ist dieser durch eine Sperrdiode gesperrt.

*Beispiel eines Betriebsablaufs*

An einem Beispiel wird die Betriebsweise erläutert:

1. Ausgangszustand $n_{soll} = -10$ V $\triangleq n = n_N$
2. Sollwertverstellung $n_{soll} = -10$ V $\rightarrow -5$ V
   $n = n_N \rightarrow n_N/2$

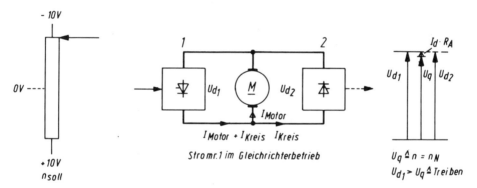

Bild 9.5  Betrieb bei voller Drehzahl

1. *Ausgangszustand*

   Der Drehzahlsollwert $-10$ V erteilt Steuerbefehl auf Steuersatz und Stromrichter 1 und bewirkt volle Gleichspannung im Gleichrichterbetrieb. Motor arbeitet bei voller Drehzahl, Energie fließt vom Netz über Stromrichter 1 zum Motor ($U_d = U_q + I_A R_A$).

   Stromrichter 2 erhält vom Drehzahlregler keinen Sollwert, da negative Spannung durch Diode gespeist. Stromregler 2 erhält einen Zusatz-Stromsollwert $I_{sollz} = 10\% \, I_{dn}$. Damit stellt sich der Stromrichter 2 auf eine praktisch gleich große negative Stromrichterspannung $U_{d2}$ ein, so daß gerade ein Kreisstrom von $10\% \, I_{dn}$ zum Fließen kommt, der durch den Stromregler konstant gehalten wird. Zusätzlich zum Motorstrom fließt daher ein Kreisstrom vom Netz über Stromrichter 1 und weiter über Stromrichter 2 in das Netz zurück (Bild 9.5).

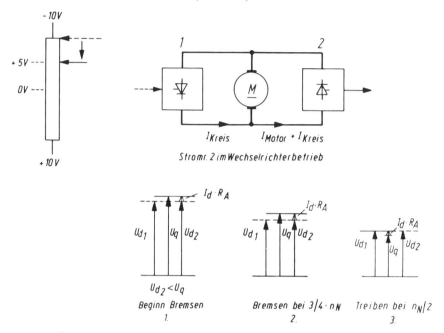

Bild 9.6  Übergang auf halbe Drehzahl

2. *Sollwertverstellung*

Drehzahlsollwert wird verstellt: $n_{soll} = -10\,V \rightarrow -5\,V$, d.h., Motor soll auf halbe Drehzahl abgebremst werden (Bild 9.6). Mit Sollwertverstellung ergibt sich am Ausgang $n$-Regler Stromumkehr des Stromsollwerts. Stromrichter 2 erhält Steuerbefehl von $n$-Regler, Stromrichter 2 verringert damit seine Spannung $-U_{d2}$, bis Strom von Maschine ($U_{d2} = U_q - I_A R_A$) über Stromrichter zu fließen beginnt; damit bremst Stromrichter 2 im Wechselrichterbetrieb den Motor ab.

Stromrichter 1 erhält keinen Steuerbefehl mehr von $n$-Regler (Sperrdiode). Sein $I_{sollz}$ bewirkt, daß $U_{d1}$ so nachgestellt wird, daß der Kreisstrom fließt.

3. *Betrieb bei halber Drehzahl*

Sobald die halbe Drehzahl erreicht ist, erfolgt wieder Übergang vom Stromrichter 2 auf Stromrichter 1.

Wir haben wieder die Betriebsverhältnisse wie bei Beginn, nur statt bei voller Drehzahl jetzt bei halber Drehzahl.

# Mehrquadrantenantriebe

## L9.11

### Die kreisstromfreie Gegenparallelschaltung

### Aufbau und Wirkungsweise

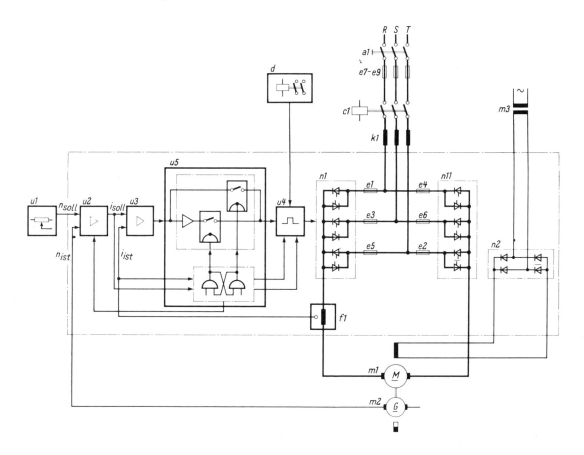

Im SIMOREG®-Einbaugerät enthalten:

| | |
|---|---|
| e1 ... e6 | Zweigsicherungen |
| e11 ... e16 | |
| f1, f11 | Gleichstromwandler |
| k1 | Kommutierungsdrossel |
| n1, n11 | Thyristorsatz |
| n2 | Feldgleichrichter |
| u2 | Drehzahlregler |
| u3, u13 | Stromregler |
| u4, u14 | Steuersatz |
| u5 | Kommandostufe |
| u6 | Umkehrverstärker |

Außerhalb des Gerätes:

| | |
|---|---|
| a1 | Hauptschalter |
| c1 | Hauptschütz |
| d | Hilfsschütze |
| e7 ... e9 | Hauptsicherungen |
| k2, k12 | Kreisstromdrossel |
| m1 | Gleichstrommotor |
| m2 | Tachomaschine |
| m3 | Hilfstransformator |
| m4 | Haupttransformator |
| u1 | Drehzahlsollwertsteller |

Bild 9.7   Kreisstromfreie Gegenparallelschaltung

Das Grundprinzip der kreisstromfreien Gegenparallelschaltung ist aus der Bezeichnung „kreisstromfrei" zu erkennen: Der Leistungsteil besteht aus zwei Stromrichtern in Gegenparallelschaltung, von denen einer immer gesperrt ist. Bei einer Umkehr der Momentrichtung muß daher der stromführende Stromrichter gesperrt und dann zum richtigen Zeitpunkt der bisher gesperrte Stromrichter freigegeben werden.

Die Sperrung und Freigabe der Stromrichter kann über elektronische Impulsweichen erfolgen, die die Zündimpuls-Stromversorgung unterbrechen bzw. einschalten. Man kann auch einen normalen sechspulsigen Steuersatz verwenden, der zwei sechspulsige Endstufen hat, wobei eine Endstufe immer gesperrt sein muß. Für Sperrung und Freigabe der Impulse ist eine Einrichtung erforderlich, die zunächst die notwendigen Voraussetzungen für das Umschalten herstellt und dann im richtigen Augenblick den Umschaltbefehl weitergibt; damit wird der eine Stromrichter, der bisher freigegeben war, gesperrt und der andere bisher gesperrte freigegeben.

Diese Einrichtung wird Kommandostufe genannt und ist aus elektronischen Schaltstufen, Grenzwertmeldern, Zeitgliedern und anderen Grundbauelementen aufgebaut.

Da immer nur ein Stromrichter in Betrieb ist, können Drehzahlregler, Stromregler und Steuersatz für beide Stromrichter gemeinsam sein. Um die richtige Polarität bei beiden Momentrichtungen am Steuersatz zu erhalten, ist auch hier ein Umkehrverstärker erforderlich, der je nach Momentrichtung eingeschaltet bzw. überbrückt werden muß. Es ergibt sich der Übersichtsschaltplan Bild 9.7.

An den Ablauf eines Umschaltvorgangs werden folgende Bedingungen gestellt:

1. *Erfassung der verlangten Momentrichtung*

    Eine Verstellung des Sollwerts am Drehzahlregler-Eingang ergibt am Drehzahlregler-Ausgang eine Signalumkehr. Die Erfassung dieser Signalumkehr (Nulldurchgang der Spannung) erfolgt mit einem Grenzwertmelder. Seine Ansprechempfindlichkeit liegt im allgemeinen bei etwa 190 mV, d.h. bei Reglerspannungen von maximal $\pm 10$ V etwa bei $\pm 0,1$ V.

2. *Strom-Null-Erfassung*

    Die Sperrung eines Stromrichters darf erst bei Strom Null erfolgen. Werden die Impulse bei stromführenden Thyristoren gesperrt, dann werden die gerade stromführenden Thyristoren weiter Strom führen, solange eine treibende Spannung vorhanden ist. Im Wechselrichterbetrieb ist die treibende Spannung die Maschinenspannung, und es kann dabei dann zum Wechselrichterkippen und Kurzschluß kommen. Ein schneller Abbau des Stromes erfolgt, wenn die Impulse an die Wechselrichtertrittgrenze verschoben werden. Das Erreichen von Strom Null wird durch eine zweite Grenzwertmelderstufe erfaßt.

Mehrquadrantenantriebe  L9.13

*Beispiel eines Betriebsablaufs*

Wie bei der kreisstromführenden Schaltung wird die Betriebsweise an einem Beispiel erläutert:

1. Ausgangszustand $n_{soll} = -10$ V $\triangleq n = n_N$
2. Sollwertverstellung $n_{soll} = -10$ V $\rightarrow -5$ V
   $n = n_N \rightarrow n_N/2$

1. *Ausgangszustand*

   Der Drehzahlsollwert $-10$ V gibt Befehl auf Stromrichter 1, auf volle Gleichspannung im Gleichrichterbetrieb auszusteuern.

   Der Stromrichter 2 erhält keine Impulse von Steuersatz, sie sind über die Kommandostufe gesperrt.

2. *Sollwertverstellung*

   Drehzahlsollwert wird verstellt: $n_{soll} = -10$ V $\rightarrow -5$ V, d.h., Motor soll auf halbe Drehzahl abgebremst werden.

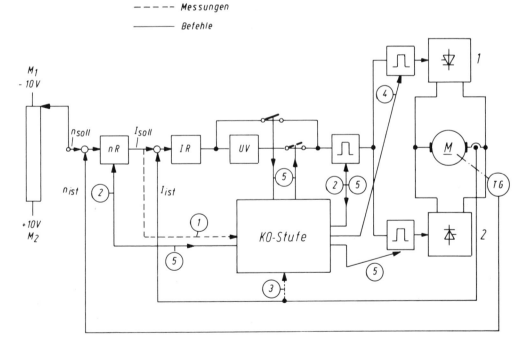

Bild 9.8  Umschaltvorgang der Kommandostufe

Damit beginnen die Schaltfunktionen der Kommandostufe

1 Meldung: Nulldurchgang Ausgangsspannung Drehzahlregler auf Grenzwertmelder 1, neue Momentrichtung wird verlangt.

2 Befehl: Steuersatz Impulse an Wechselrichtertrittgrenze verschieben und damit Strom abbauen.
Gleichzeitig Drehzahlregler begrenzen, damit Übergang auf neuen Stromrichter von Spannung 0 V $\triangleq \alpha = 90°$ erfolgt.

3 Meldung: Strom Null von Stromwandler auf Grenzwertmelder 2, damit kann Umschaltung eingeleitet werden.

4 Befehl: Sperrung der Impulse von Stromrichter 1.

5 Befehl: Freigabe Impulse Stromrichter 2. Gleichzeitig Stromreglerausgang umschalten (Umkehrverstärker), Drehzahlregler-Begrenzung aufheben, Impulsverschiebung aufheben.

Dieser Umschaltvorgang ist in Bild 9.8´ dargestellt.

Mehrquadrantenantriebe  L9.15

*Die Ankerkreisumschaltung*

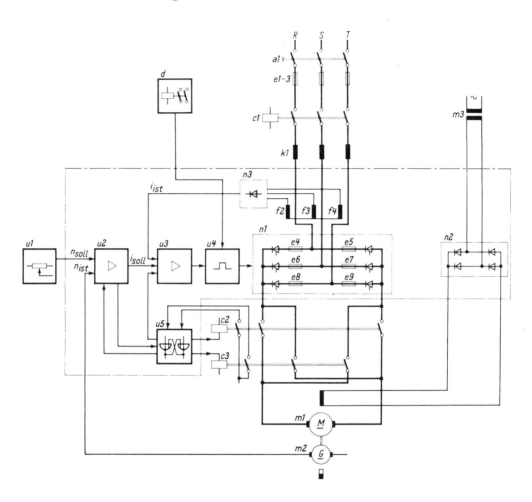

| Im Stromrichtergerät enthalten: | | Außerhalb des Stromrichtergerätes: | |
|---|---|---|---|
| e4 bis e9 | Zweigsicherungen | a1 | Hauptschalter |
| f2 bis f4 | Wechselstromwandler | c1 | Hauptschütz |
| n1 | Thyristorsatz | c2, c3 | Wendeschütze |
| n2 | Feldgleichrichter | d | Hilfsschütze |
| n3 | Hilfsgleichrichter | e1 bis e3 | Hauptsicherungen |
| u2 | Drehzahlregler | k1 | Kommutierungsdrossel |
| u3 | Stromregler | m1 | Gleichstrommotor |
| u4 | Steuersatz | m2 | Tachomaschine |
| u5 | Kommandostufe | m3 | Anpaßtransformator |
| | | u1 | Drehzahlsollwertsteller |

Bild 9.9   Ankerkreisumschaltung

Die Umschaltung der Momentrichtung erfolgt bei der Ankerkreisumschaltung (Bild 9.9) durch zwei Schütze, die die Polarität des Stromrichters gegenüber dem Motor umpolen und damit Übergang vom Gleichrichterbetrieb auf Wechselrichterbetrieb bei Verwendung nur eines Stromrichters ermöglichen. Damit ergibt sich eine Verringerung des Aufwands im Leistungsteil.

Auch hier muß die Umschaltung im richtigen Augenblick erfolgen. Da die Schützspulen der Ankerkreisschütze durch ihre Induktivität eine Umschaltzeit von 50 bis 200 ms ergeben, kann hier auf eine sehr schnell arbeitende elektronische Kommandostufe verzichtet werden. Man verwendet daher hier meistens auch in der Schaltung wesentlich vereinfachte Relaiskommandostufen.

Der Ablauf eines Übergangs von einer Momentrichtung in die andere erfolgt ähnlich wie bei der kreisstromfreien Gegenparallelschaltung.

Mehrquadrantenantriebe

**L9**.17

*Die Feldkreisumschaltung*

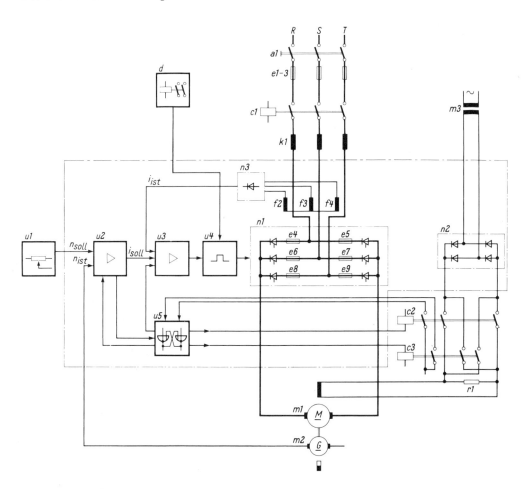

Im Stromrichtergerät enthalten:

| | |
|---|---|
| e4 bis e9 | Zweigsicherungen |
| f2 bis f4 | Wechselstromwandler |
| n1 | Thyristorsatz |
| n2 | Feldgleichrichter |
| n3 | Hilfsgleichrichter |
| u2 | Drehzahlregler |
| u3 | Stromregler |
| u4 | Steuersatz |
| u5 | Kommandostufe |

SIMOREG-Kombinationsgerät für Feldkreisumschaltung

Außerhalb des Stromrichtergerätes:

| | |
|---|---|
| a1 | Hauptschalter |
| c1 | Hauptschütz |
| c2, c3 | Wendeschütze |
| d | Hilfsschütze |
| e1 bis e3 | Strangsicherungen |
| k1 | Kommutierungsdrossel |
| m1 | Gleichstrommotor |
| m2 | Tachomaschine |
| m3 | Anpaßtransformator |
| u1 | Drehzahlsollwertsteller |

Bild 9.10  Feldkreisumschaltung

Bei der Feldkreisumschaltung erfolgt die Umkehr der Momentrichtung durch Umkehr der Erregerspannung über Schütze im Feldkreis. Die stromlose Pause liegt hier zwischen 0,5 und 2 s. Diese Zeit ist so lang, daß sie bei vielen Antrieben stört. Der Anwendungsbereich der Feldkreisumschaltung ist daher begrenzt.

Die Kommandostufe kann auch hier wie bei der Ankerkreisumschaltung als Relaiskommandostufe ausgeführt werden.

# Mehrquadrantenantriebe — A9

**1.**
Was ist ein Vierquadrantenantrieb?

**2.**
Auf welche Weise ist ein Vierquadrantenantrieb zu verwirklichen?

**3.**
Was ist das Grundprinzip der kreisstromführenden Gegenparallelschaltung und wie teilen sich die Ströme auf die beiden Stromrichter auf?

**4.**
Wie erreicht man bei der kreisstromführenden Gegenparallelschaltung, daß der zweite Stromrichter nur Kreisstrom führt?

**5.**
Warum werden bei der kreisstromführenden Gegenparallelschaltung Drosseln zum Begrenzen des Kreisstroms benötigt?

**6.**
Woraus ergibt sich bei der kreisstromfreien Gegenparallelschaltung die Bezeichnung „kreisstromfrei"?

**7.**
Welche Größe ist für die Kommandostufe (bei der kreisstromfreien Gegenparallelschaltung) das erste Kriterium, eine Umkehr der Momentrichtung einzuleiten?

**8.**
Warum dürfen die Impulse bei einem Stromrichter, der im Wechselrichterbetrieb arbeitet, erst bei Erreichen von Strom Null gesperrt werden?

**9.**
Auf welche Weise werden die beiden Drehrichtungen dem Drehzahlregler vorgegeben?

**10.**
Wie erreicht man, daß sowohl bei positivem wie bei negativem Sollwert der Steuersatz Steuerbefehl gleicher Polarität erhält?

Mehrquadrantenantriebe

**11.**

Wie erreicht man bei einem Stromrichter einen schnellen Abbau des Stromes?

**12.**

Wie groß etwa sind die Totzeiten bei der kreisstromführenden und kreisstromfreien Gegenparallelschaltung, bei der Ankerkreis- und bei der Feldkreisumschaltung?

# Mehrquadrantenantrieb E9

**1.**

Ein Antrieb, der in zwei Drehrichtungen und zwei Momentrichtungen arbeiten kann.

**2.**

Durch Umschaltung der Polarität im Ankerkreis oder Feldkreis mechanisch über Schütze (Ankerkreis- bzw. Feldkreisumschaltung) oder durch Verwendung von zwei Stromrichtern in Gegenparallelschaltung.

**3.**

Beide Stromrichter sind dauernd in Betrieb; ein Stromrichter führt Motorstrom plus Kreisstrom, der andere nur Kreisstrom.

**4.**

Durch Vorgabe eines Zusatz-Stromsollwerts auf den Stromregler des Stromrichters, der nur Kreisstrom führen soll.

**5.**

Weil trotz gleicher Mittelwerte der Gleichspannungen der beiden Stromrichter die Augenblickswerte unterschiedlich sind, da die Stromrichter zu unterschiedlichen Zeitpunkten gezündet werden (z.B. 30°/150° oder 60°/120°).

**6.**

Es tritt kein Kreisstrom auf, da immer nur ein Stromrichter in Betrieb ist, während beim zweiten Stromrichter die Impulse gesperrt sind.

**7.**

Die Umkehr der Ausgangsspannung des Drehzahlreglers.

**8.**

Die stromführenden Thyristoren führen weiter Strom, was zum Wechselrichterkippen führt.

**9.**

Durch Gleichspannungen mit positiver bzw. negativer Polarität.

**10.**

Durch Verwenden eines Umkehrverstärkers für eine der beiden Polaritäten.

**11.**

Durch Verschieben der Impulse an die Wechselrichtertrittgrenze.

**12.**

0 ms bei der kreisstromführenden und 10 bis 20 ms bei der kreisstromfreien Gegenparallelschaltung, 100 bis 200 ms bei Ankerkreisumschaltung und 500 bis 2000 ms bei Feldkreisumschaltung.

# Kapitel 5

# Stromrichterantrieb im Betrieb

L 10  Betriebsverhalten
       Stromrichter mit Motor

# L10.1 Betriebsverhalten Stromrichter mit Motor

*Zusammenarbeit mit dem Netz*

Ein Thyristorstromrichter nimmt Blindleistung aus dem Netz auf und belastet das Netz mit Oberschwingungen.

*Blindleistung*

Wie im Kapitel 2 (L3) behandelt wurde, wird die Ausgangsgleichspannung eines Stromrichters durch Verschiebung des Zündzeitpunkts (Steuerwinkel $\alpha$) verändert. Dadurch ergibt sich eine Phasenverschiebung des Stromes gegenüber der Sternspannung.

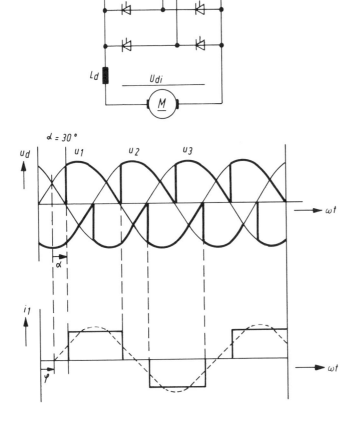

Bild 10.1  Verlauf der Sternspannungen und eines Leiterstroms

# Betriebsverhalten Stromrichter mit Motor

Bild 10.1 zeigt den Verlauf der Sternspannungen und den Verlauf des zur Sternspannung $u_1$ gehörigen Leiterstroms $i_1$. Der Steuerwinkel $\alpha$ beträgt 30°. Wenn man in den rechteckförmig verlaufenden Leiterstrom ($\alpha = 30°$) die Grundschwingung einzeichnet, dann erhält man den Verschiebungswinkel $\varphi$. Die durch diese Phasenverschiebung verursachte Blindleistung wird als Steuerblindleistung bezeichnet, da sie von der Aussteuerung des Stromrichters abhängig ist. Zu dieser Steuerblindleistung kommt noch die Kommutierungsblindleistung. Da sie meistens nur wenige Prozent beträgt, kann sie im allgemeinen vernachlässigt werden.

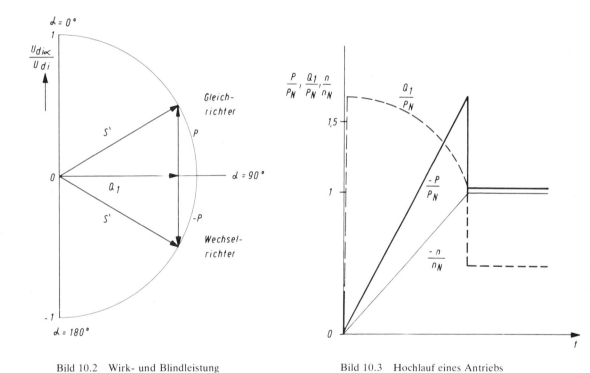

Bild 10.2  Wirk- und Blindleistung

Bild 10.3  Hochlauf eines Antriebs

Die Abhängigkeit der Größe der Gleichspannung und der Wirk- und Blindleistung vom Steuerwinkel $\alpha$ kann – unter Voraussetzung eines konstanten Gleichstroms – in einem Zeigerdiagramm dargestellt werden (Bild 10.2, links). Mit steigendem Steuerwinkel $\alpha$ sinkt die Gleichspannung und damit proportional die Wirkleistung $P$. Bei $\alpha = 90°$ ist die Wirkleistung Null, und die Blindleistung $Q_1$ erreicht ihren maximalen Wert. Bei Aussteuerung über 90 in Richtung 180° kommen wir in den Wechselrichterbereich. Die Gleichspannung und damit auch die Wirkleistung haben umgekehrte Richtung (Umkehr der Energierichtung im Wechselrichterbetrieb) und erreichen bei $\alpha = 180°$ ihr Maximum, wobei zu beachten ist, daß normalerweise eine Begrenzung bei 150° erfolgen muß. Die Blindleistung $Q_1$ behält ihre Richtung bei, d.h., unabhängig ob Gleichrichter- oder Wechselrichterbetrieb, es erfolgt immer eine Blindleistungsaufnahme.

Für die aufgenommene Wirkleistung gilt

$$P_d = U_{di} I_d \cos \alpha,$$

für die aufgenommene Blindleistung

$$Q_i = U_{di} I_d \sin \alpha.$$

Bei Antrieben tritt die maximale Steuerblindleistung beim Anfahren auf. Beim Anfahren steht der Steuerwinkel auf $\alpha = 90°$, da beim Hochlauf von der Stromrichterspannung Null auszugehen ist. In vielen Fällen wird noch ein erhöhter Anfahrstrom und damit nochmals erhöhte Blindleistung benötigt. In Bild 10.3 ist der Hochlauf eines Gleichstromantriebs mit 1,7fachem Anfahrstrom dargestellt. Die Blindleistung springt sofort auf den 1,7fachen Wert der Nennleistung, geht dann mit dem Hochfahren zurück und erreicht nach dem Hochfahren einen statischen Wert, der dem Steuerwinkel bei Nenndrehzahl entspricht. Bei Antrieben, die im Gleichrichter- und Wechselrichterbetrieb arbeiten und damit auf $\alpha_W = 150°$ und entsprechend $\alpha_G = 30°$ begrenzt sind, beträgt die Blindleistungsaufnahme daher immer mindestens 50% der Nennleistung. Die Wirkleistung steigt proportional mit dem Hochlauf an, erreicht bei Nenndrehzahl den 1,7fachen Wert und geht dann auf die dem statischen Betriebsstrom entsprechende Nennleistung zurück.

Der Blindleistungsbedarf vom Netz läßt sich verringern durch blindleistungssparende Schaltungen, z.B. halbgesteuerte Drehstrom-Brückenschaltung oder durch Zu- und Gegenschaltung einer vollgesteuerten und einer umgesteuerten Drehstrom-Brückenschaltung, wobei die umgesteuerte Brückenschaltung keine Blindleistung benötigt. Eine andere Möglichkeit ist die Blindstromkompensation mit Kondensatorbatterien. Bei Verwendung einer festen Kondensatorbatterie läßt sich nur eine mittlere Blindleistung kompensieren, so daß je nach Höhe der Blindleistung noch Spannungsabsenkungen oder auch Spannungserhöhungen auftreten können. Eine angepaßte Kompensation ist durch stromrichtererregte Synchronphasenschieber möglich, der hohe Aufwand einer derartigen Maschinenkompensation ist in den meisten Fällen jedoch nicht gerechtfertigt.

## Betriebsverhalten Stromrichter mit Motor — L10.4

*Netzstrom-Oberschwingungen*

In Bild 10.1 wurde ein rechteckförmiger Gleichstrom angenommen, wie er sich bei unendlich großer Induktivität ($L = \infty$) im Gleichstromkreis ergibt. Dieser Strom wird über den Stromrichter dem Netz vom Verbraucher aufgezwungen. Er läßt sich in Grund- und Oberschwingungen zerlegen, wobei nur ungeradzahlige Oberschwingungen auftreten und die Vielfachen der Pulszahl $p$ des Stromrichters entfallen. Für die Oberschwingungen gilt

$$v = k\,p \pm 1.$$

$k$ Ganze positive Zahl

Es treten damit bei der sechspulsigen Drehstrom-Brückenschaltung ($p = 6$) im wesentlichen die 5. und 7., 11. und 13. Oberschwingung auf. Die Amplituden der Stromoberschwingungen ergeben sich aus der Amplitude der Grundschwingung, dividiert durch die Ordnungszahl der Oberschwingung. Da sie aber die $\nu$-fache Frequenz gegenüber der Grundschwingung haben, erzeugen sie Netzspannungseinbrüche ähnlicher Größe wie die Grundschwingung ($\Delta U \triangleq I_v\,\omega_v\,L$). Neben den Spannungseinbrüchen können sie eine Verzerrung der Netzspannung bewirken und damit den Betrieb anderer Stromrichter oder empfindlicher Geräte stören. Für die Größe dieser Störung ist das Verhältnis Typenleistung des Stromrichters zu Netzkurzschlußleistung maßgebend. Man kann Störungen von Geräten meistens durch getrennte Einspeisung über Transformatoren abschwächen; z. B. werden die Steuersätze von eigenen Transformatoren gespeist und wird die Synchronisierspannung nochmals über ein RC-Glied geglättet.

Im Resonanzfall können Oberschwingungen erheblich verstärkt werden, was z. B. wegen der zusätzlichen Verluste zur Zerstörung von Kondensatorbatterien führen kann.

Eine günstige Methode, die Oberschwingungen zu verringern, sind Reihenresonanzkreise, bestehend aus Kondensatoren und Drosselspulen, die jeweils auf eine Oberschwingung abgestimmt werden; im allgemeinen genügt es, Filter für die 5. und 7. Oberschwingung – in manchen Fällen auch noch für die 11. und 13. Oberschwingung – einzusetzen.

*Störungsfälle*

Im folgenden werden die Auswirkungen verschiedener Betriebsstörungen und entsprechende Schutzmaßnahmen betrachtet.

*Netzeinbruch*

Kurzzeitige ($\leq 100$ ms) und nicht zu große ($\leq 20\%$) Netzeinbrüche führen im allgemeinen zu keinen Störungen im Gleichrichter- und Wechselrichterbetrieb, da diese meistens bei der Projektierung und Ausführung der Anlage berücksichtigt werden.

Bei größeren und längeren Netzeinbrüchen reicht die verringerte Netzspannung nicht mehr aus, um eine Kommutierung in der vorgesehenen Zeit zu erreichen. Bei Gleichrichterbetrieb sinkt die Drehzahl des Antriebs ab. Bei Wechselrichterbetrieb kann es zum Wechselrichterkippen und zum Ansprechen der Sicherungen kommen.

*Netzausfall*

Für einen Einquadrantantrieb, der mit einer beliebigen Betriebsdrehzahl läuft, bedeutet Netzausfall Auslauf, entsprechend den Schwungmassen und der mechanischen Belastung, wobei große Schwungmassen die Auslaufzeit vergrößern, während eine große mechanische Last die Auslaufzeit verringert. Durch die Steuerung wird sichergestellt, daß bei Netzausfall das Hauptschütz abfällt und erst wieder bei stehendem Motor eingeschaltet werden kann, gleichzeitig erfolgt eine Reglerbegrenzung auf etwa 0 V. Dadurch wird der Antrieb bei Wiederkehr der Netzspannung und Wiedereinschalten des Hauptschützes – unabhängig von der Stellung des Sollwertpotentiometers – von Stromrichterspannung 0 V ausgehend hochfahren.

Mehrquadrantenantriebe, die bei Netzausfall im Gleichrichterbetrieb arbeiten, zeigen das gleiche Verhalten. Arbeitet der Mehrquadrantenantrieb jedoch gerade im Wechselrichterbetrieb, dann entfällt die als Gegenspannung zur Maschinenspannung wirksame Stromrichterspannung. Die bisher stromführenden Thyristoren führen weiter Strom, wobei die Maschinenspannung über die Thyristoren und etwa vorhandenen Transformatoren oder Kommutierungsdrosseln kurzgeschlossen wird. Die Induktivitäten begrenzen die Anstiegsgeschwindigkeit des Kurzschlußstroms und können damit das Ansprechen der Sicherungen verhindern. Je höher jedoch die Drehzahl und damit die Maschinenspannung bei Netzausfall ist, desto größer wird der Kurzschlußstrom und damit die Wahrscheinlichkeit des Ansprechens der Sicherungen.

Betriebsverhalten Stromrichter mit Motor — L10.6

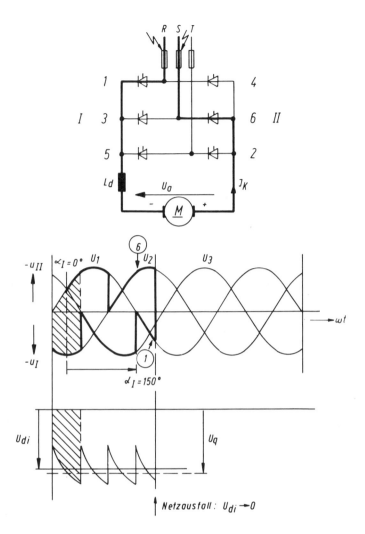

Bild 10.4  Netzausfall im Wechselrichterbetrieb ($\alpha = 150°$)

Bild 10.4 stellt den Netzausfall bei maximaler Gleichspannung im Wechselrichterbetrieb dar. Die gerade stromführenden Thyristoren – in der Sternschaltung I der Thyristor 1, in der Sternschaltung II der Thyristor 6 – führen weiter Strom, der jetzt zum Kurzschlußstrom $I_k$ ansteigt und über die Strangsicherungen in den Zuleitungen R und S fließt. Die beiden Strangsicherungen sprechen an. In diesem Störungsfall genügen Strangsicherungen, es werden jedoch bei Umkehrantrieben im allgemeinen Zweigsicherungen verwendet, da – wie wir später sehen werden – Störungsfälle möglich sind, bei denen nur Zweigsicherungen einen Kurzschlußschutz bieten.

Die Folgen, die sich aus einem Ansprechen der Sicherungen ergeben, sind unterschiedlich.

139

Betriebsverhalten Stromrichter mit Motor

Bei Antrieben großer Leistung im MW-Bereich (z. B. Walzwerkanlagen) können je Puls z. B. 20 Thyristoren parallelgeschaltet sein. Das Ansprechen einer entsprechend großen Anzahl von Sicherungen (es sprechen die Sicherungen von mindestens zwei Zweigen an) bedeutet eine längere Betriebsunterbrechung. Hier wird meistens ein zusätzlicher Schutz durch Gleichstrom-Schnellschalter im Gleichstromkreis vorgesehen. Durch die selektive Anpassung der Kennlinie des Gleichstrom-Schnellschalters an die Kennlinie der Sicherung läßt sich ein Ansprechen des Schnellschalters vor den Sicherungen erreichen.

*Ein Zündimpuls fehlt*

Das Fehlen eines Zündimpulses (Bild 10.5) bedeutet, daß ein Thyristor, der an den nächsten Thyristor den Strom abgeben (kommutieren) soll, diese Aufgabe nicht erfüllen kann. Dieser Vorgang gleicht dem des Wechselrichterkippen bei Betrieb im Wechselrichterbetrieb Kapitel 2 (L3): Der Thyristor führt weiter Strom, und die Stromrichterspannung – die Gegenspannung zur Maschinenspannung – kippt. Es kann auch hier zum Kurzschluß und Ansprechen der Sicherungen kommen.

# Betriebsverhälten Stromrichter mit Motor — L10.8

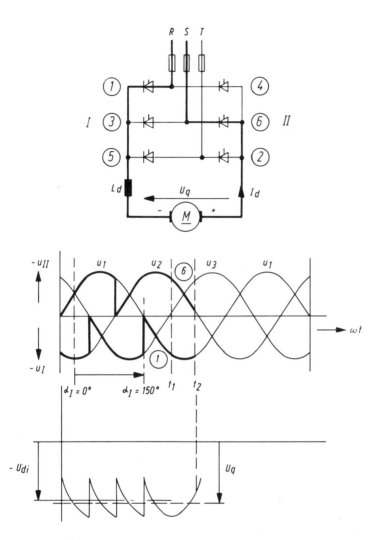

Bild 10.5  Wechselrichterkippen bei Fehlen eines Zündimpulses

Bild 10.5 zeigt diesen Betriebsfall. Der Stromrichter arbeitet im Wechselrichterbetrieb ($\alpha = 150°$), Energie fließt vom Motor über den Stromrichter ins Netz zurück. Zum Zeitpunkt $t_1$ fehlt am Thyristor 2 der Zündimpuls, der Thyristor 6 kann also nicht auf Thyristor 2 kommutieren und führt weiter Strom. Beide Thyristoren können, da sie gezündet sind und Strom führen, in ihrer Spannung nicht beeinflußt werden. Die Spannung $u_d$ wird kleiner, und der Strom $I_d$ steigt an. Zum Zeitpunkt $t_2$ sei der Strom so groß geworden, daß die Strangsicherungen in den Zuleitungen R und S ansprechen. Der Strom wird damit unterbrochen, es erfolgt kein elektrisches Bremsen mehr. Das Ansprechen der Sicherungen in diesem Beispiel ist im allgemeinen nicht wahrscheinlich, da die Differenzspannung zwischen Maschinenspannung und Stromrichterspannung für einen starken Anstieg des Stromes nicht ausreicht.

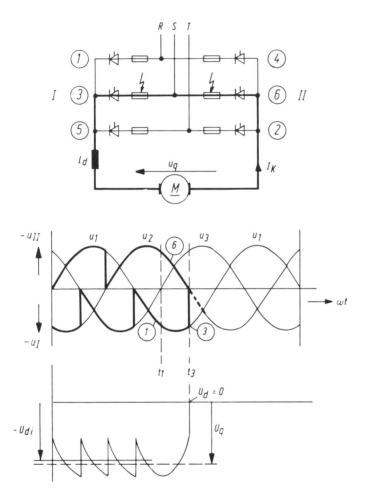

Bild 10.6  Zweigkurzschluß bei Fehlen eines Zündimpulses

Nehmen wir nun an, die Sicherungen sprechen nicht an, dann wird der Thyristor 6 weiter Strom führen. Zum Zeitpunkt $t_3$ kommutiert der Strom von Thyristor 1 auf Thyristor 3. Da die Thyristoren 3 und 6 in der gleichen Phase ($U_2$) liegen, fließt ein Kurzschlußstrom über die Thyristoren 3 und 6, und deren Zweigsicherungen sprechen an (Bild 10.6). Das ist ein Störungsfall, bei dem nur Zweigsicherungen schützen, Strangsicherungen wären in diesem Fall wirkungslos. Der gleiche Kurzschlußfall ergibt sich, wenn in einem Zweig ein Thyristor gezündet ist und der zweite Thyristor im Zweig z.B. einen Fehlimpuls erhält.

Betriebsverhalten Stromrichter mit Motor

*Lücken des Stromes bei dynamischen Vorgängen*

In Kapitel 2 (L3) „Stromrichter" wurde das Zustandekommen des Stromlückens durch den oberschwingungshaltigen Gleichstrom erklärt. Diese Betrachtung bezog sich zunächst nur auf den stationären Zustand.

Es kann auch zum Lücken des Stromes kommen, wenn bei Steuer- und Regelvorgängen die Maschinenspannung kurzzeitig größer wird als die mittlere Gleichspannung. Dieser Effekt kann z. B. bei plötzlicher Entlastung des Motors auftreten, oder wenn die Stromrichterspannung plötzlich auf einen kleineren Wert gesteuert wird.

Ein Lücken des Stromes bewirkt eine Änderung der Verstärkung der Regelstrecke. In dem Bereich, in dem der Strom lückt, ist die Spannung Null, d.h., dieser Anteil der Spannungs-Zeitfläche ist nicht mehr wirksam. Im Lückbereich sinkt die Verstärkung der Regelstrecke bis auf etwa ein Drittel ab. Dies ergibt sich auch aus der Betrachtung der Steilheit der Steuerkennlinien (Kapitel 2, Bild 3.14) für induktive und ohmsche Last.

Durch die Änderung der Verstärkung der Regelstrecke ergeben sich auch andere Werte für die Optimierung des Reglers. Eine Optimierung des Reglers bei lückendem Strom bedeutet, daß bei nichtlückendem Strom eine zu hohe Verstärkung auftritt, was zu Pendelungen und unstabilem Verhalten führen kann. Wird der Regler bei nichtlückendem Strom optimiert, dann wird bei lückendem Strom die Anregelzeit wesentlich größer sein, der Regler hat kein optimales Übergangsverhalten mehr. Wenn für alle Betriebsfälle ein optimales Übergangsverhalten verlangt wird, dann muß entweder ein Lücken des Stromes vermieden werden oder der Regler laufend an die Daten der Regelstrecke angepaßt werden (adaptive Regelung).

Es gibt jedoch viele Anwendungsfälle, bei denen vorwiegend nur ein stabiles Verhalten bei allen Betriebsfällen verlangt wird und auf optimales Übergangsverhalten und kleine Anregelzeit kein entscheidender Wert gelegt wird. Man wird dann den Regler auf die größte im praktischen Betrieb auftretende Verstärkung mit seiner Rückführbeschaltung einstellen.

Ein Lücken des Stromes kann durch den Einbau von Drosseln im Ankerstromkreis beseitigt werden. Diese werden so ausgeführt, daß bei dem kleinsten im Betrieb auftretenden Ankerstrom noch kein Lücken des Stromes auftritt. Das Lücken wird dadurch vermieden, daß sich eine Drossel einer raschen Stromänderung widersetzt und durch ihre Energiespeicher-Eigenschaft die Stromflußzeit verlängert. Beim Bemessen der Drossel geht man im allgemeinen davon aus, daß der unterste Grenzstrom des Antriebs bei etwa 10% liegt. Die Drossel wird dann so ausgelegt, daß bei diesen 10% $I_d$ noch kein Lücken auftritt.

Die Größe der Drossel verringert sich, wenn man Stromrichterschaltungen höherer Pulszahl mit geringerem Oberschwingungsgehalt verwendet oder zwei Stromrichter in Reihe, die über Transformatoren mit phasenversetzter Schaltung an das Netz angeschlossen werden. Diese Maßnahmen kommen wegen ihres Aufwands nur bei Antrieben und Stromrichteranlagen größerer Leistung (MW-Bereich) in Betracht.

# Stromrichterantrieb im Betrieb  **A10**

*Zusammenarbeit mit dem Netz*

**1.**

Warum ergibt sich beim Anfahren die höchste Blindleistungsaufnahme vom Netz?

**2.**

Welchen Einfluß hat ein rechteckförmiger Strom im Gleichstromkreis auf die Netzspannung?

**3.**

Auf welche Weise können Oberschwingungsströme im Netz verringert werden?

*Störungsfälle*

**4.**

Welche Folgen kann das Wechselrichterkippen haben?

**5.**

Warum sind Strangsicherungen bei Einquadrantantrieben ausreichend?

**6.**

Warum sind Zweigsicherungen erforderlich, wenn in einem Zweig beide Thyristoren – der zweite z. B. durch einen Fehlimpuls – gezündet werden?

**7.**

Welche Möglichkeiten gibt es, ein Stromlücken zu vermeiden?

**8.**

Warum ist ein Stromlücken für die Regelung ungünstig?

# E10

**Stromrichterantrieb im Betrieb**

**1.**

Weil von Gleichspannung $U = 0$ V ausgehend hochgefahren wird und hierbei der Steuerwinkel $\alpha = 90°$ beträgt. Außerdem ist zum Anfahren meistens ein erhöhter Betriebsstrom erforderlich, was die Blindleistung nochmals erhöht.

**2.**

Der im Gleichstromkreis fließende Strom muß mit gleicher Kurvenform vom Netz geliefert werden. Dies bedeutet eine Oberschwingungsbelastung des Netzes und zusätzliche Spannungsfälle in den Netzzuleitungen.

**3.**

Durch Reihen-Resonanzkreise, bestehend aus Drossel und Kondensator.

**4.**

Kurzschlußstrom und Ausfall von Sicherungen.

**5.**

Weil der Strom nur in einer Richtung vom Netz zum Motor fließen kann, da die Thyristoren in umgekehrter Richtung sperren.

**6.**

Weil im Wechselrichterbetrieb der Motor einen Kurzschlußstrom über die Thyristoren treiben kann.

**7.**

Durch Einbau von Drosseln im Ankerkreis oder durch Verwenden von Stromrichtern höherer Pulszahl und damit kleineren Oberschwingungsgehalts.

**8.**

Weil sich die Verstärkung der Regelstrecke beim Übergang von nichtlückendem auf lückenden Strom etwa um den Faktor 3 ändern kann.

# Stichwortverzeichnis

Anfahrstrom 136
Ankerkreisschütze 126
Ankerkreisumschaltung 125
Ankerkreiszeitkonstante 91
Anregelzeit 87
Arbeitsweise des Stromrichters 106
Ausregelzeit 87

Begrenzung 56
Beschaltung des Reglers 95
Betragsoptimum 88
Betriebskennlinie 12
Betriebsverhalten des Gleichstrommotors 8
Blindleistung 134
Bremsen 115

Drehmoment 10
Drehrichtungsumkehr 13
Drehstrombrückenschaltung 43
Drehstromtachomaschine 79
Drehzahl 10
Drehzahl-Drehmomentkennlinie 14
Drehzahlregler 79
Drehzahlistwert 70
Drehzahlregelkreis 94
Drehzahlsollwert 70
Durchlaßkennlinie 20
dynamisches Verhalten 71

Effektivwert 23
Eingangsnullspannung 66
Eingangsnullstrom 66
Eingangsverstärker 68
Eingangswiderstand 72
Einpulsschaltung 22
Einquadrantantrieb 104
Ersatzzeitkonstante 89

Feldkreisumschaltung 127
Feldschwächung 12
Freiwerdezeit 27
Fremdbelüftung 22
Führungsgröße 69
Führungsgrößensprung 87

Glättungsdrossel 13
Glättungszeitkonstante 80
Gleichrichteraussteuerung 58
Gleichrichterbetrieb 36
Gleichspannungsverstärker 66
Gleichstrommeßgeber 79
Gleichstromschnellschalter 140
Gleichstromtachomaschine 80
Grenzgleichstrom 21
Grenzlastintegral 24
Grenzwertmelder 122

Hallspannung 84
Hallwandler 84

Ideelle Leerlaufgleichspannung 34
Impuls 34
Impulsdauer 53
Impulsübertrager 29
induktive Gleichspannungsänderung 38
Integrierzeit 73
Istwert 69
Istwertglättung 91
$I^2t$-Wert 24

Kenngrößen des Regelkreises 88
Kennwerte 47
Kommandostufe 122
Kommutierung 13
Kommutierungsdrosseln 26
Kommutierungszeit 26
konstante Erregung 11
Kreisstrom 118
kreisstromfreie Gegenparallelschaltung 121
kreisstromführende Kreuzschaltung 117
Kreuzschaltung 111
kritische Spannungssteilheit 26
kritische Stromsteilheit 26
Kühlbedingungen 21
Kurzschluß 140
Kurzschlußstrom 37

Leistungsstufe 60
Leistungsverstärker 68
Leistungsverstärkung 66
Lückbereich 41
Lücken des Stroms 40
Lückgrenze 41
Luftselbstkühlung 22

Magnetisierungskennlinie 9
Massenträgheitsmoment 107
Mehrquadrantenantriebe 111
Meßgeber 79
Meßwertumformer 79
Mittelwert der Gleichspannung 43
Momentrichtung 122

Nachstellzeit 73
natürliche Kommutierung 33
natürlicher Zündzeitpunkt 33
Nennerregung 9
Netzausfall 138
Netzeinbruch 138
netzgeführte Stromrichter 33
Netzstromoberschwingungen 137
Nulldurchgang-Synchronisierung 56

147

Oberschwingungen 134
oberschwingungshaltiger Gleichstrom 40
Optimierung des Reglers 87

Parallelwiderstand 29
Phasenverschiebung 134
PI-Regler 73
P-Regler 72
Proportionalverstärkung 73
Pulszahl 47

Quellenspannung 10

RC-Rückführung 69
Regelgröße 70
Regelstreckenverstärkung 88
Regelverstärkerkennlinie 67
Regler 66
Reglerverstärkung 88
Reihenresonanzkreis 137
Relaiskommandostufe 126
Rückführbeschaltung 71
Rückführkreis 92
Rückführpotentiometer 72
Rückführung 69
Rückführwiderstand 72

Sägezahnspannung 60
Schwungmassen 95
Shuntwandler 82
SILIZED-Sicherung 28
Sollwert 69
Spannungsbegrenzung 68
Spannungseinbrüche 137
Spannungssicherheitsfaktor 24
Spannungsteilerfaktor 73
Spannungsteilerschaltungen 70
Spannungsverstärkung 66
Spannung-Zeit-Fläche 38
Sperrkennlinie 19
Spitzensperrspannung 20
statische Genauigkeit 71
Sternschaltung 33
Steuerbereich 34
Steuerkennlinie 46
Steuerleistung 27
Steuersatz 54
Störgrößenänderung 87
Störungsfälle 137
Strangsicherungen 28
Stromflußwinkel 23

Stromführungsdauer 22
Strom-Null-Erfassung 122
Stromregelkreis 90
Stromregler 92
stromsteuernder Transduktor 82
Stromübergang 61
Stromverstärkung 66
Symmetrisches Optimum 88
Synchronisierung 53

Temperaturgang 66
Thyristor 18
Totzeit des Stromrichters 89
Träger-Speicher-Effekt 26
Transduktor-Gleichstromwandler 82
Transistor-Verstärker 66
Treiben 115
TSE-Beschaltung 26

Übergangsfunktion 71
Übergangsverhalten 69
Überlappungswinkel 39
Überlappungszeit 39
Überschwingweite 87
Übertemperatur 22
Übertrager 27

Vergleichsstrom 70
Vergleichsstufe 60
Verstärkung des Reglers 72
Verzerrung der Netzspannung 137

Wechselrichteraussteuerung 58
Wechselrichterbetrieb 37
Wechselrichterkipper 39
Wechselrichtertrittgrenze 37
Wechselstromwandler 81
Welligkeit 13
Wirkleistung 135

Zeitglieder 122
Zeitkippstufe 60
Zeitkonstante 88
Zeit-Überstrom-Kennlinie 26
Zündfolge 61
Zündimpuls 53
Zündimpulsdauer 56
Zündspannung 27
Zündstrom 27
Zündwinkel 56
Zweigsicherungen 26